U0185462

DK 儿童图解百科全书

化学元素

DK 儿童图解百科全书

化学元素

汤姆·杰克逊〔著〕

杰克·查洛纳〔顾问〕

文彦杰〔译〕

中国大百科全书出版社

Original Title: The Periodic Table Book: A Visual
Encyclopedia of the Elements
Copyright © 2017 Dorling Kindersley Limited
A Penguin Random House Company

北京市版权登记号：图字 01-2018-7720

图书在版编目（CIP）数据

化学元素 / 英国DK公司编著；文彦杰译. —北京:
中国大百科全书出版社，2019.6
（DK儿童图解百科全书）
书名原文：The Periodic Table Book：A Visual
Encyclopedia of the Elements
ISBN 978-7-5202-0480-4

Ⅰ．①化… Ⅱ．①英… ②文… Ⅲ．①化学元
素—儿童读物 Ⅳ．①O611-49

中国版本图书馆CIP数据核字（2019）第057920号

译　　者：文彦杰
专业审校：董建华

策　划　人：杨　振
责任编辑：杨　振　杜　倩
封面设计：袁　欣

DK儿童图解百科全书——化学元素
中国大百科全书出版社出版发行
（北京阜成门北大街17号　邮编：100037）
http://www.ecph.com.cn
新华书店经销
北京华联印刷有限公司印制
开本：889毫米×1194毫米　1/16　印张：13
2019年6月第1版　2024年5月第21次印刷
ISBN 978-7-5202-0480-4
定价：178.00元

www.dk.com

钇块　　　　　　　　银块　　　　　　　锆晶体棒

前言

从山川和海洋，到我们呼吸的空气、吃的食物，都由被称为"化学元素"（简称"元素"）的基本物质构成。你可能对其中的部分元素早有耳闻，例如金、铁、氧、氦，而这仅仅是118种元素中的4种。许多元素都具有独特的物理和化学特性，有时这些特性还很奇妙。比如，镓在常态下是一种固体，但是放在人手中就会熔化；含有硫元素的化合物会释放出难闻的臭鸡蛋味；氟在常温下是一种气体，能把混凝土烧出一个洞。

只有几种元素以纯净状态存在于自然界中。大多数元素通常相互结合形成化合物，这些化合物组成了我们身边的物质。例如，氢元素与氧元素组成水，钠元素与氯元素组成食盐，而碳元素参与形成无数种化合物，其中很多化合物为我们的身体提供营养，如蛋白质和糖类。

要想更加深入地了解元素，就需要仔细阅读《元素周期表》。世界各地的科学家都用这张表排列和详述元素。《元素周期表》以元素的相似性将

镍球　　　　　熔化中的镓块　　　　玻璃球中的碘

钡晶体　　　　　　灰硒块　　　　　　镁晶体　　　　　　锇球

它们分组，并给出了每种元素的主要信息。根据这些信息，我们就可以用化学元素制造出许多东西。例如，牙膏中的氟化物可有效预防龋齿，硅晶体能够做成手机和微电子工业中使用的芯片。

　　元素从哪里来？有哪些性质？在生活中有怎样的应用？每一种元素都有一段故事。让我们开启"元素之旅"吧。这一定是 一次神奇有趣的旅程！

汤姆·杰克逊

在本书中你能看到包含如下符号的信息框，其中符号的含义如下：

	表示某元素的原子结构，由质子和中子组成的原子核在中间，电子围绕原子核运动
	电子
	质子
◯	中子
状态	元素在 20℃ 下的状态，有液态、固态和气态
发现	元素被发现的年代

铀块　　　　　　金晶体　　　　　　铥晶体　　　　　　钙晶体

元素积木

元素无处不在,元素组成的物质有些可以看到(比如金),而有些几乎看不到(比如氧气)。用普通化学方法不能将元素分解为更简单的物质。每一种元素由被称为原子的小"积木"组成,每种元素的原子都不相同。大部分元素以化合物形式存在于自然界中。化合物由两种或更多种元素结合而成。比如,水是由氢和氧化合而成的。

世界上的元素

目前已知《元素周期表》中有 118 种元素,其中 92 种为天然元素,其他为人造元素。每一种元素都是独一无二的。在常温下,大部分元素是固态,比如金属;11 种元素是气态;只有两种元素是液态,即溴与汞(水银)。

气态溴   铋晶体

土

水

气

火

古代观点

元素的概念非常古老，可以追溯到 2600 年前的古希腊时期。不过，古希腊思想家认为构成世界的只有 4 种元素：土、水、火和气。著名的古希腊哲学家恩培多克勒首先提出，万物都由这 4 种元素组成。直到很久以后，科学家才发现，土、水、火、气都不是真正的元素。几千年来，从古埃及祭司，到欧洲中世纪炼金术士，人们一直试图确定元素的定义和分类。

我们体内和身边的元素

人体的 99% 是由 6 种元素构成的，这 6 种元素相互结合形成了人体内数千种不同的化合物。而地球的大气是由气体混合物组成的。这些气体多为单质（单一元素），氮气与氧气构成了大气的 99%。

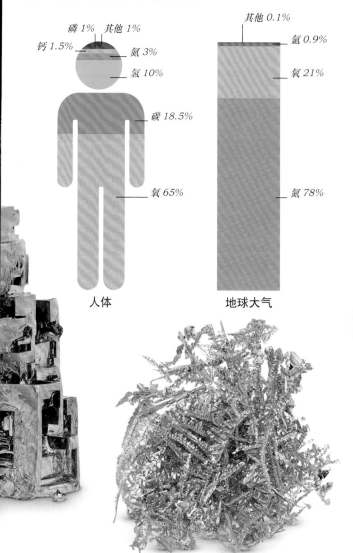

磷 1%　其他 1%
钙 1.5%　　氮 3%
　　　　　氢 10%
碳 18.5%
氧 65%

人体

其他 0.1%
氩 0.9%
氧 21%
氮 78%

地球大气

金晶体

作坊里的波斯炼金术士

炼金术和神秘主义

化学家是研究元素和化合物的科学家。然而，在化学家出现之前的中世纪，炼金术士是当时的研究人员。炼金术士的理论中混杂了一些幻想和实验经验，带有神秘性。他们试图将普通金属（比如铅）变成金。当然，他们失败了。因为在简单条件下，元素之间不能相互转化。但是，在此过程中，他们发现了很多元素和反应过程，化学家们一直沿用至今。

 罗伯特·玻意耳

英国人罗伯特·玻意耳是第一位从科学角度理解元素的科学家和发明家。他通过推理来追求科学。17 世纪 60 年代，他完成了第一个化学实验，证明了炼金术士的大部分观点都是错的。

化学发现

四元素（土、水、火、气）的原始观点扩展为一种理论，该理论认为地球上的物质都是由这四种元素的混合物构成的。然而，包括汞、硫和金在内的许多物质，并不能用这一理论来解释。近300年来，化学家经过一系列长期研究揭开了元素的真实面目，了解了组成元素的原子和物质的化学性质等问题。

汉弗莱·戴维
19世纪初，英国科学家汉弗莱·戴维发现了几种新金属。他使用革命性的"电解法"，利用电流将元素从化合物中分离出来。戴维因此发现了9种新元素，包括镁、钾和钙。

化学先驱
许多化学突破出现在18世纪，从化学家研究空气的组成开始。约瑟夫·布莱克、亨利·卡文迪什、约瑟夫·普里斯特利等科学家发现了几种不同的"空气"，也就是现在我们说的气体。他们也发现这些气体可以与被他们称为"土"的固体发生反应。这些发现证明除了四元素之外还有很多元素，从而开启了发现元素之路。今天，科学家已经确定了118种元素，然而可能还有更多的元素等待被发现。

安托万·拉瓦锡
1777年，法国科学家拉瓦锡证明硫是一种元素。几千年来，硫这种黄色固体已为人所熟知。拉瓦锡用实验证明了这是一种不能再被细分的简单物质。同年，拉瓦锡又发现水不是一种元素，而是由氢和氧组成的化合物。

单质硫（硫黄）   镁晶体

约翰·道尔顿

像同时代的很多科学家一样，英国科学家约翰·道尔顿也相信物质一定是由小颗粒组成的。1803年，道尔顿开始思考这些小颗粒结合在一起的方式。他开始意识到，每种元素都由不同的小颗粒组成，并且同一种元素的小颗粒在质量和性质上相同。他还认识到，不同元素的颗粒，按照简单整数比结合形成化合物。比如，碳元素的小颗粒与氧元素的小颗粒能够结合产生一氧化碳。道尔顿提出，在化学反应过程中，颗粒重新组合形成化合物。他是第一个明确提出近代原子论的人。

道尔顿制作的原子量表

雅各布·贝采利乌斯

19世纪初，瑞典化学家雅各布·贝采利乌斯研究岩石和矿物中的化学物质。他发现两种矿物质含有新元素。他将这两种新元素命名为"铈"（cerium，以小行星谷神星"Ceres"命名）和"钍"（thorium，以北欧神话中的雷神托尔"Thor"命名）。贝采利乌斯还发明了一套用符号和数字标示元素和化合物的体系，化学家一直沿用至今。

铈块

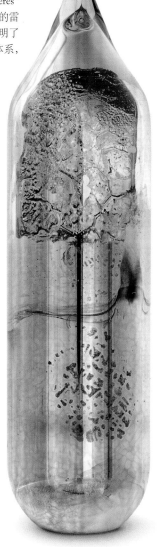

密封容器中的铯

物质状态

物质的基本状态有3种：固态、液态、气态。在常温下，大部分元素呈固态，11种元素呈气态，只有两种呈液态。不过，元素可在3种状态之间转变。这种转变不会改变元素的原子，只是将原子重新排布。

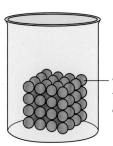

固体能够保持形状，并具有一定的体积

在固体状态下，物质的所有原子相互吸引，被牵制在固定的位置上。

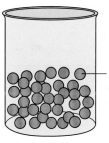

液体以其容器的形状为形，但体积仍保持固定

在液体状态下，原子间吸引力变弱，原子开始向四周移动。

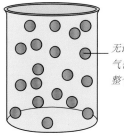

无论容器大小，气体都会充满整个容器

在气体状态下，原子间的作用力很弱，所以它们全部向不同方向做无序运动。

罗伯特·本生

德国化学家罗伯特·本生因发明了一种实验室常用的煤气灯而出名。19世纪50年代，本生使用这种能产生无光高温火焰的灯研究了不同元素燃烧产生的独特火焰颜色。他发现了一种燃烧时发出明亮蓝色火焰的未知物质，并将其命名为"铯"，意为"天蓝色"。

原子内部

原子是化学变化中的最小粒子。原子很小，即使在日常使用的显微镜的帮助下也无法看到，但它们无处不在。原子由更小的粒子——质子、中子、电子组成。每种元素的原子具有特定的质子数目。

什么是原子序数？

元素原子核中的质子个数就被称为原子序数。我们能通过原子的原子序数判断原子属于何种元素。同一元素的原子也具有相同的电子个数。地球上已发现的天然元素中，氢具有最小的原子序数（1），铀具有最大的原子序数（92）。

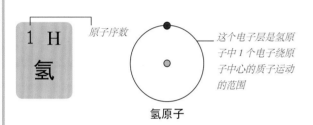

1 H
氢

原子序数

这个电子层是氢原子中1个电子绕原子中心的质子运动的范围

氢原子

电子 〉原子中带负电荷的微小粒子称为电子。一种元素的原子与另一种元素的原子反应时，会转移或共用电子并形成化学键。

3 Li
锂

在锂原子中，两个电子层上有3个电子围绕原子中心的质子和中子运动

锂原子

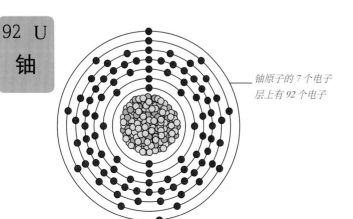

92 U
铀

铀原子的7个电子层上有92个电子

铀原子

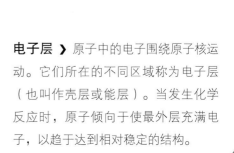

电子层 〉原子中的电子围绕原子核运动。它们所在的不同区域称为电子层（也叫作壳层或能层）。当发生化学反应时，原子倾向于使最外层充满电子，以趋于达到相对稳定的结构。

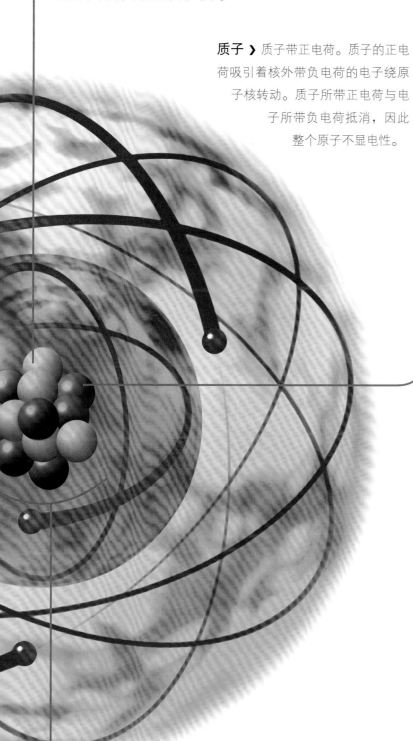

中子 〉 正如其名，中子是中性粒子，即不带电荷。中子与质子质量基本相同，而远远大于电子。

质子 〉 质子带正电荷。质子的正电荷吸引着核外带负电荷的电子绕原子核转动。质子所带正电荷与电子所带负电荷抵消，因此整个原子不显电性。

原子核 〉 居于原子中心的原子核是由质子和中子组成的。原子的所有质量几乎都集中在原子核上。每种元素原子的质量都不相同。

原子的真相

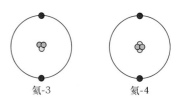

氦-3　　　　　氦-4

同位素

虽然每种元素的原子中，电子和质子的数量是唯一的，但中子的数量却可以变化。这种质子数相同而中子数不同的同一元素的不同原子互称为同位素。比如，氦有两种同位素，一种含有 1 个中子（氦 –3），一种含有 2 个中子（氦 –4）。

电磁体吸引金属碎屑

电磁学

原子就像一个微小的磁体。电磁力使它们结合在一起。这种力使像质子和电子一样具有相反电性的粒子相互吸引，而使具有相同电性的粒子相互排斥。磁体就是这样一种既能吸引一些物质，又能排斥一些物质的物体。电磁体就是在通电时能产生磁场的物体。

原子先驱

20 世纪初，英国科学家欧内斯特·卢瑟福爵士对原子的研究，拓展了我们对于原子结构的认知。卢瑟福发现了质子，并证明质子位于原子核中。

欧内斯特·卢瑟福爵士

元素周期表

《元素周期表》是排布元素的有效方法。表中的元素有自己的编号——原子序数。原子序数即原子核中的质子数，每种元素具有唯一性。《元素周期表》将元素以行和列划分，一行称为一个"周期"，一列称为一个"族"（8、9、10 三列共同组成一个族）。俄国化学家德米特里·门捷列夫根据元素的物理和化学性质做了上述排布，制作了《元素周期表》。

1 H 氢 1.0079											
3 Li 锂 6.941	4 Be 铍 9.0122										
11 Na 钠 22.990	12 Mg 镁 24.305										
19 K 钾 39.098	20 Ca 钙 40.078	21 Sc 钪 44.956	22 Ti 钛 47.867	23 V 钒 50.942	24 Cr 铬 51.996	25 Mn 锰 54.938	26 Fe 铁 55.845	27 Co 钴 58.933	28 Ni 镍 58.693	29 Cu 铜 63.546	30 锌 65.3
37 Rb 铷 85.468	38 Sr 锶 87.62	39 Y 钇 88.906	40 Zr 锆 91.224	41 Nb 铌 92.906	42 Mo 钼 95.94	43 Tc 锝 (96)	44 Ru 钌 101.07	45 Rh 铑 102.91	46 Pd 钯 106.42	47 Ag 银 107.87	48 镉 112.4
55 Cs 铯 132.91	56 Ba 钡 137.33	57-71 La-Lu 镧系	72 Hf 铪 178.49	73 Ta 钽 180.95	74 W 钨 183.84	75 Re 铼 186.21	76 Os 锇 190.23	77 Ir 铱 192.22	78 Pt 铂 195.08	79 Au 金 196.97	80 汞 200.5
87 Fr 钫 (223)	88 Ra 镭 (226)	89-103 Ac-Lr 锕系	104 Rf 𬬻 (261)	105 Db 𬭊 (262)	106 Sg 𬭳 (266)	107 Bh 𬭛 (264)	108 Hs 𬭶 (277)	109 Mt 鿏 (268)	110 Ds 𫟼 (281)	111 Rg 𬬭 (272)	112 镉 285

锕系元素和**镧系元素**排布在碱土金属元素和过渡金属元素之间。它们被放在主表的下方单独列出

57 La 镧 138.91	58 Ce 铈 140.12	59 Pr 镨 140.91	60 Nd 钕 144.24	61 Pm 钷 (145)	62 Sm 钐 (150.36)	63 Eu 铕 151.96	64 Gd 钆 157.25	65 铽 158.9
89 Ac 锕 (227)	90 Th 钍 232.04	91 Pa 镤 231.04	92 U 铀 238.03	93 Np 镎 (237)	94 Pu 钚 (244)	95 Am 镅 (243)	96 Cm 锔 (247)	97 锫 (247)

图例

- 氢元素
- 碱金属元素
- 碱土金属元素
- 过渡金属元素
- 镧系元素
- 锕系元素
- 硼族元素
- 碳族元素
- 氮族元素
- 氧族元素
- 卤族元素
- 稀有气体元素

阅读元素周期表

元素符号

每种元素的表示符号是唯一的，由一个或两个字母组成。元素符号跨越了语言障碍，让使用不同语言的科学家描述同一元素时不致混淆。

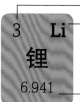

3　Li — 原子序数，是元素原子核中的质子数

锂 — 元素符号第一个字母大写，第二个字母小写

6.941 — 相对原子质量，是元素的平均相对原子质量。它不是整数，因为每种元素都有不同的同位素，每种同位素有不同的中子数

周期

同一周期（行）的元素，其原子具有相同的电子层数。第 1 周期元素的原子有 1 个电子层，而第 6 周期元素的原子有 6 个电子层。

 — 同一周期元素从左到右顺序排列

同一族元素从上到下顺序排列

族

每一族（列）元素的原子，最外层电子数相同。比如，第 1 族元素的原子，最外层有 1 个电子，而第 8 族元素的原子，最外层有 8 个电子。

硼族元素 除铝之外，都比较稀少。除硼是非金属之外，其余元素均为金属

该族元素 包含稀有气体，即具有化学惰性，元素原子一般不与其他粒子形成化学键，不发生化学反应的气体

2　He	
氦	
4.0026	

B	6　C	7　N	8　O	9　F	10　Ne
硼	碳	氮	氧	氟	氖
.811	12.011	14.007	15.999	18.998	20.180

Al	14　Si	15　P	16　S	17　Cl	18　Ar
铝	硅	磷	硫	氯	氩
.982	28.086	30.974	32.065	35.453	39.948

Ga	32　Ge	33　As	34　Se	35　Br	36　Kr
镓	锗	砷	硒	溴	氪
.723	72.64	74.922	78.96	79.904	83.80

In	50　Sn	51　Sb	52　Te	53　I	54　Xe
铟	锡	锑	碲	碘	氙
4.82	118.71	121.76	127.60	126.90	131.29

Tl	82　Pb	83　Bi	84　Po	85　At	86　Rn
铊	铅	铋	钋	砹	氡
4.38	207.2	208.96	(209)	(210)	(222)

Nh	114　Fl	115　Mc	116　Lv	117　Ts	118　Og
𬭩	𫓧	镆	𫟷	鿬	鿫
284	289	288	293	294	294

Dy	67　Ho	68　Er	69　Tm	70　Yb	71　Lu
镝	钬	铒	铥	镱	镥
62.50	164.93	167.26	168.93	173.04	174.97

Cf	99　Es	100　Fm	101　Md	102　No	103　Lr
锎	锿	镄	钔	锘	铹
251)	(252)	(257)	(258)	(259)	(262)

德米特里·门捷列夫

《元素周期表》是俄国化学家德米特里·门捷列夫在 1869 年发明的。其他科学家在此前也曾尝试过，但门捷列夫的《元素周期表》根据元素性质进行排列，具有周期性、重复性。当时的《元素周期表》尚未完成，因为还有一些元素尚未被发现。然而，门捷列夫预言，《元素周期表》上的空缺，将由未知元素来填补。多年后这一预言随着元素的一一发现而被证实。

爆炸反应

在这一化学反应中，锂与空气中的氧气发生反应，生成化合物氧化锂。反应需将锂原子之间、氧气的氧原子之间的化学键都打开，而后锂原子与氧原子形成化学键。反应需要能量才能开始，反应中还会以光能和热能的形式释放能量。

化学反应及其应用

元素间以不同方式结合，可以形成 1000 万甚至更多种化合物。除了研究元素的物理、化学性质，化学家还希望探究出特定元素间发生反应并形成化合物的原因及方式。化学反应时时刻刻都在发生着。在一个化学反应中，原子之间的化学键打开，再以另一种组合形成化学键，从而使一种物质转变成另一种新物质。

1. 将一块锂放置于平面上，且暴露在空气中。

2. 使用气炬加热锂，几秒钟之内，锂就会变红。这是这种金属高温时的典型颜色。

3. 很快，锂开始燃烧。右图中的白色部分是反应生成的氧化锂，即锂与氧结合而成的物质。

混合物

混合物是由两种或多种物质混合而成,可以通过物理方法(如过滤)将其中的组成物质分开的物质。混合物与化合物不同,化合物的组分通过化学键相连,只有化学反应才能将其分开。液体混合物可分为溶液、胶体和悬浮液。

溶液
在这种混合物中,一种物质完全、均匀地与另一种物质混合或溶解。海水就是一种溶液。

胶体
这种混合物包含不均匀分散的胶体微粒或胶束,但是小到肉眼不可见。牛奶就是一种胶体。

悬浮液
这种混合物是一种物质的大颗粒悬浮在另一种物质中。污水就是一种悬浮液。

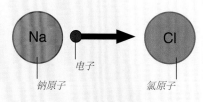

钠原子   电子   氯原子

1. 一个钠原子将一个电子贡献给氯原子,使二者的最外层都填满电子。

钠离子,带正电   氯离子,带负电

2. 这些带电的原子被称为"离子"。钠离子带一个单位的正电荷,氯离子带一个单位的负电荷。

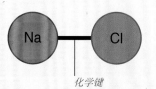

化学键

3. 钠离子与氯离子相互吸引,形成化学键,从而形成一种称为氯化钠的化合物。

形成化合物

化学反应中形成的化学键分为两种。一种为离子键,如氯化钠中的化学键(上图)。在这种化学键中,一个原子给出电子,另一个原子接受电子,二者的最外层均填满电子。另一种为共价键。在共价键中,原子们聚集在一起共用电子,从而也使各自的最外层填满电子。

锂在空气中燃烧,生成氧化锂

现实中的反应

我们身边无时无刻不在发生化学反应。我们烹饪、吃药和呼吸时,都伴随着化学反应。上图中是一艘生锈的船。随着时间推移,铁与水或空气中的氧气发生反应,生成氧化铁(俗称"铁锈"),从而呈现出这种易剥落的红色薄层。

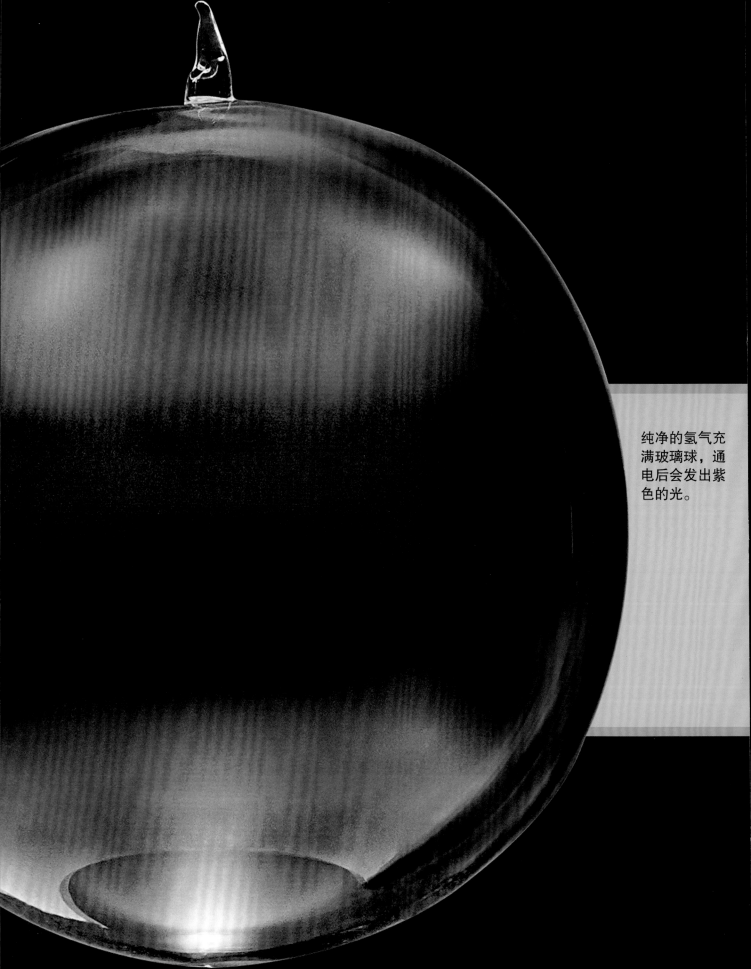

纯净的氢气充满玻璃球，通电后会发出紫色的光。

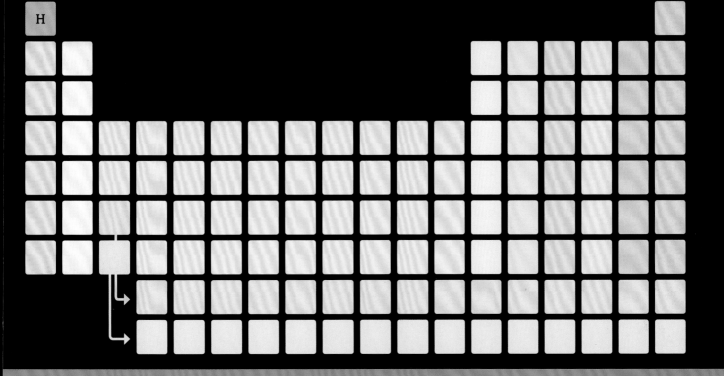

氢元素

氢是第一个元素，位于元素周期表第一列的金属锂之上。但是，因为氢与其下的同列元素性质差异很大，所以与它们不属于同一族。氢原子具有最简单的原子结构，只有一个质子和一个电子。氢能和很多元素形成化合物。

原子结构

一个氢原子包含一个原子核和一个围绕原子核旋转的电子。氢原子核里只有

物理性质

氢气是世界上最轻的物质。氢气在地球上非常稀少，因为它很容易从大气层逃

化学性质

氢气具有可燃性。氢元素可与很多金属、非金属元素形成化合物。

化合物

最常见的氢化合物是水。酸也是一种含氢的化合物。

1 H 氢（qīng）

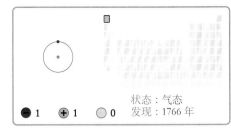

状态：气态
发现：1766 年

● 1　＋ 1　○ 0

形态

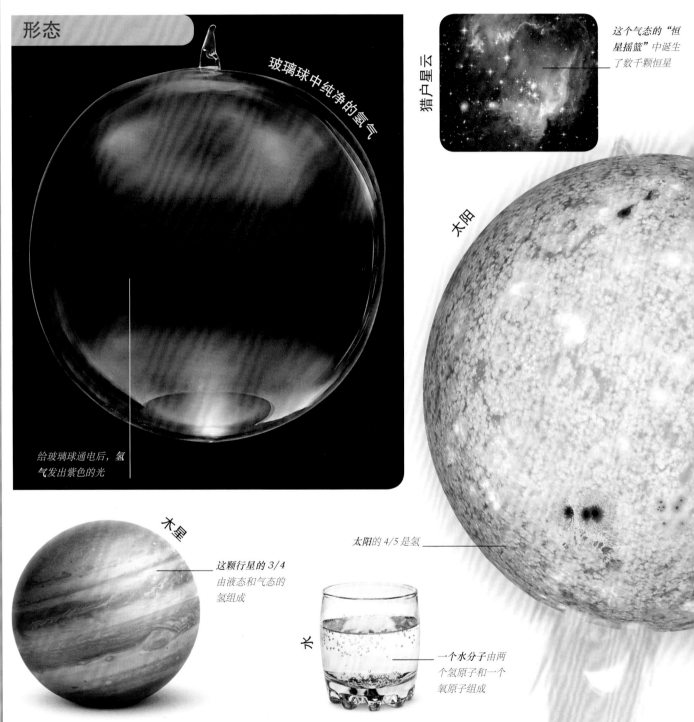

玻璃球中纯净的氢气

给玻璃球通电后，氢气发出紫色的光

猎户星云

这个气态的"恒星摇篮"中诞生了数千颗恒星

太阳

木星

这颗行星的 3/4 由液态和气态的氢组成

太阳的 4/5 是氢

水

一个水分子由两个氢原子和一个氧原子组成

氢元素排在元素周期表的第一位。这是因为它具有最简单的原子结构：原子中只有一个电子和一个质子。纯净的氢气是一种透明的气体。太阳系最大的几颗行星，例如**木星**，都是由氢气混合氦气、甲烷等其他气体组成的巨大球体。虽然氢元素在地球大气中含量较低（水是氢在地球上的主要存在形式），但它是宇宙中最丰富的元素。**太阳**等恒星含有大量氢元素。氢在恒星中心发生核聚变，释放出光能和热能。**猎户星云**等

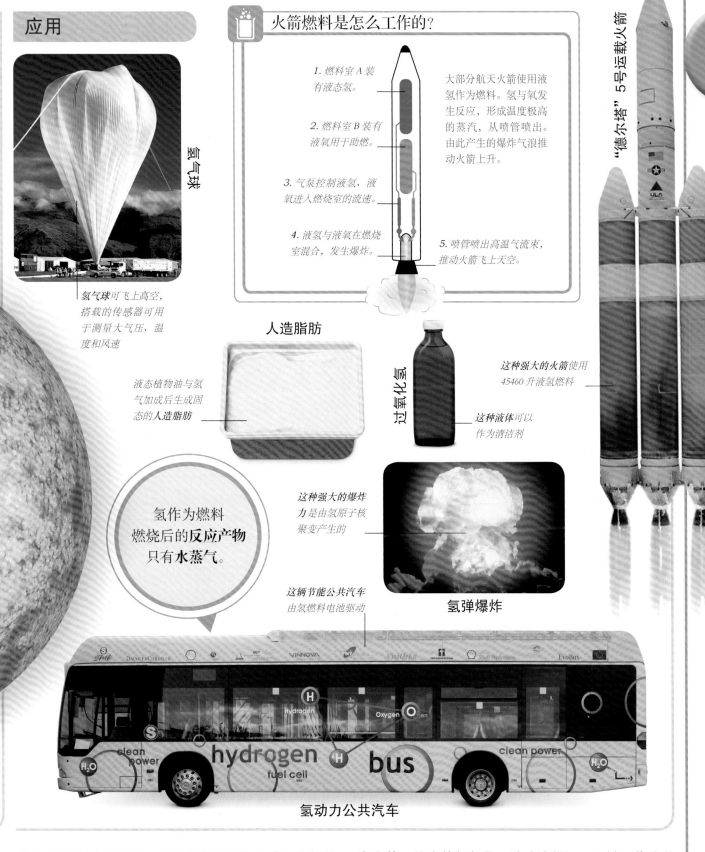

应用

氢气球

氢气球可飞上高空，搭载的传感器可用于测量大气压、温度和风速

火箭燃料是怎么工作的？

1. 燃料室 A 装有液态氢。

2. 燃料室 B 装有液氧用于助燃。

3. 气泵控制液氢、液氧进入燃烧室的流速。

4. 液氢与液氧在燃烧室混合，发生爆炸。

大部分航天火箭使用液氢作为燃料。氢与氧发生反应，形成温度极高的蒸汽，从喷管喷出。由此产生的爆炸气浪推动火箭上升。

5. 喷管喷出高温气流束，推动火箭飞上天空。

"德尔塔" 5号运载火箭

这种强大的火箭使用45460 升液氢燃料

人造脂肪

液态植物油与氢气加成后生成固态的人造脂肪

过氧化氢

这种液体可以作为清洁剂

氢作为燃料燃烧后的反应产物只有水蒸气。

这种强大的爆炸力是由氢原子核聚变产生的

氢弹爆炸

这辆节能公共汽车由氢燃料电池驱动

hydrogen fuel cell bus
clean power
clean power

氢动力公共汽车

星云中形成新的恒星。星云主要由氢气组成，会慢慢坍缩。氢是最轻的元素。氢气比空气轻很多，所以**氢气球**比空气填充的气球飞得更高。极冷液氢常被用作火箭燃料。**氢弹爆炸**时的巨大能量是由氢原子核聚变产生的。纯净的氢气是一种清洁能源，已被用作公共汽车或私家车的燃料。

钾暴露在空气中
时被氧化，失去
金属光泽。

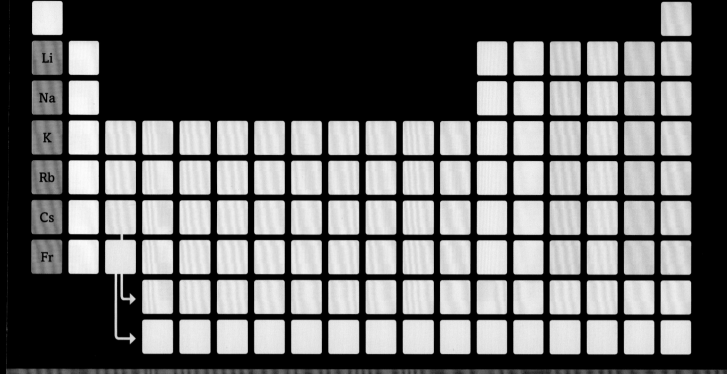

碱金属元素

在元素周期表第一列的元素中，除氢元素之外，其他元素都是碱金属元素。该族元素与水发生剧烈的化学反应时会生成碱，也就是氢氧化物，也因此得名碱金属元素。在自然界中还未发现游离状态的碱金属。该族的前三种元素（锂、钠、钾）很常见，存在于许多矿物中，然而后三种元素（铷、铯、钫）却较稀少。

原子结构

所有碱金属元素的原子最外层仅有一个电子。与同周期的元素相比，碱金属

物理性质

这些金属柔软到可以用刀切开。切面呈银白色，具有金属光泽。

化学性质

碱金属元素化学性质活泼。它们与其他元素形成化合物时，给出它们唯一的外

化合物

这些金属与水反应形成的化合物叫作氢氧化物。该族元素易与卤族元素反应形成盐

3 Li 锂（lǐ）

碱金属元素

状态：固态
发现：1817 年

● 3　＋ 3　○ 4

形态

这种水中溶解有微量的锂矿物质

饮用水

平菇

锂云母

这些蘑菇从土壤中吸收锂元素

暗淡的石英

对虾

对虾和其他水生甲壳动物从海水中吸收锂元素

紫色晶体中含有锂元素

闪亮的锂暴露于空气中会失去光泽

实验室中提纯的条状金属锂

透锂长石

灰白色晶体

锂是最轻的金属。事实上，它可以轻易地漂浮在水面上。纯净的单质锂化学性质活泼。锂在自然界中只存在于矿物中，比如**锂云母**和**透锂长石**。许多含锂矿物可溶解于水中，因此，全球海水中含有数百万吨的锂。许多食物中也含有锂，比如**平菇**、**对虾**和坚果。锂在日常生活中也有很多的应用。含有锂的玻璃耐热，可用于制作科研仪器的配件，比如望远镜的镜片。锂的主要用途是制作蓄电池。锂离子电池体积小但电力强劲，

应用

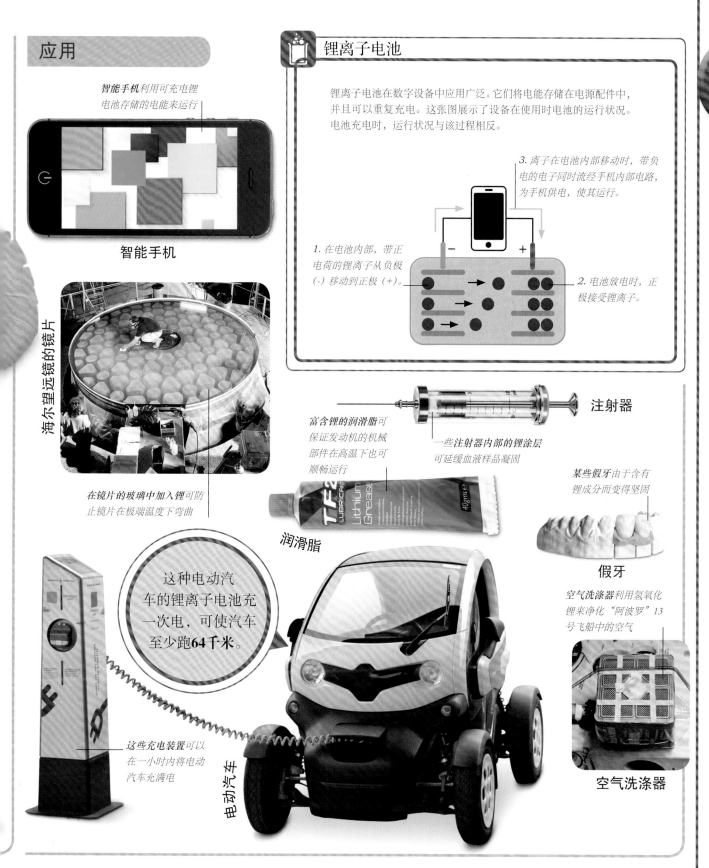

智能手机利用可充电锂电池存储的电能来运行

智能手机

海尔望远镜的镜片

在镜片的玻璃中加入锂可防止镜片在极端温度下弯曲

锂离子电池

锂离子电池在数字设备中应用广泛。它们将电能存储在电源配件中，并且可以重复充电。这张图展示了设备在使用时电池的运行状况。电池充电时，运行状况与该过程相反。

3. 离子在电池内部移动时，带负电的电子同时流经手机内部电路，为手机供电，使其运行。

1. 在电池内部，带正电荷的锂离子从负极（-）移动到正极（+）。

2. 电池放电时，正极接受锂离子。

富含锂的润滑脂可保证发动机的机械部件在高温下也可顺畅运行

一些**注射器**内部的锂涂层可延缓血液样品凝固

注射器

润滑脂

某些假牙由于含有锂成分而变得坚固

假牙

空气洗涤器利用氢氧化锂来净化"阿波罗"13号飞船中的空气

这种电动汽车的锂离子电池充一次电，可使汽车至少跑**64千米**。

这些充电装置可以在一小时内将电动汽车充满电

电动汽车

空气洗涤器

所以它们是**智能手机**和笔记本电脑的理想电源。更大的锂电池可为**电动汽车**供能，与使用化石燃料的汽车相比，电动汽车对环境的污染更小。一种叫作硬脂酸锂的润滑物质可用来生产**润滑脂**，使汽车的发动机顺畅运行。锂还可制成硬质陶瓷，用于制作**假牙**。一些药品中也含有锂化合物。

¹¹Na 钠（nà）

状态：固态
发现：1807 年
● 11 ⊕ 11 ◯ 12

形态

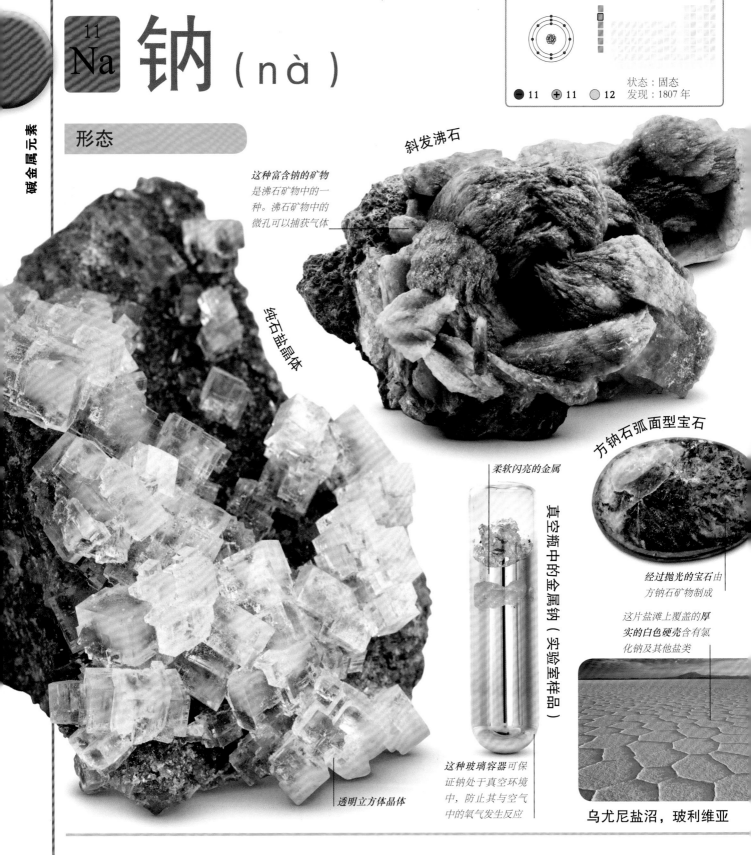

斜发沸石

这种富含钠的矿物是沸石矿物中的一种。沸石矿物中的微孔可以捕获气体

纯石盐晶体

方钠石弧面型宝石

柔软闪亮的金属

真空瓶中的金属钠（实验室样品）

经过抛光的宝石由方钠石矿物制成

这片盐滩上覆盖的厚实的白色硬壳含有氯化钠及其他盐类

这种玻璃容器可保证钠处于真空环境中，防止其与空气中的氧气发生反应

透明立方体晶体

乌尤尼盐沼，玻利维亚

日常见到的盐类物质中含有大量的钠。尽管钠在地球上的含量丰富，但是在自然界中不以游离状态存在，而是以与其他元素形成的化合物形式存在。氯化钠是最常见的钠化合物，其中也含氯。它组成的矿物是石盐，海水因含有氯化钠而带有咸味。方钠石也是一种含钠矿物，它质地较软，呈蓝色，可被雕琢和抛光。钠单质非常柔软，用刀就可以切开。它与空气中的氧气发生反应，形成一种叫作氧化钠的化合物。而钠与水接触可燃烧，产

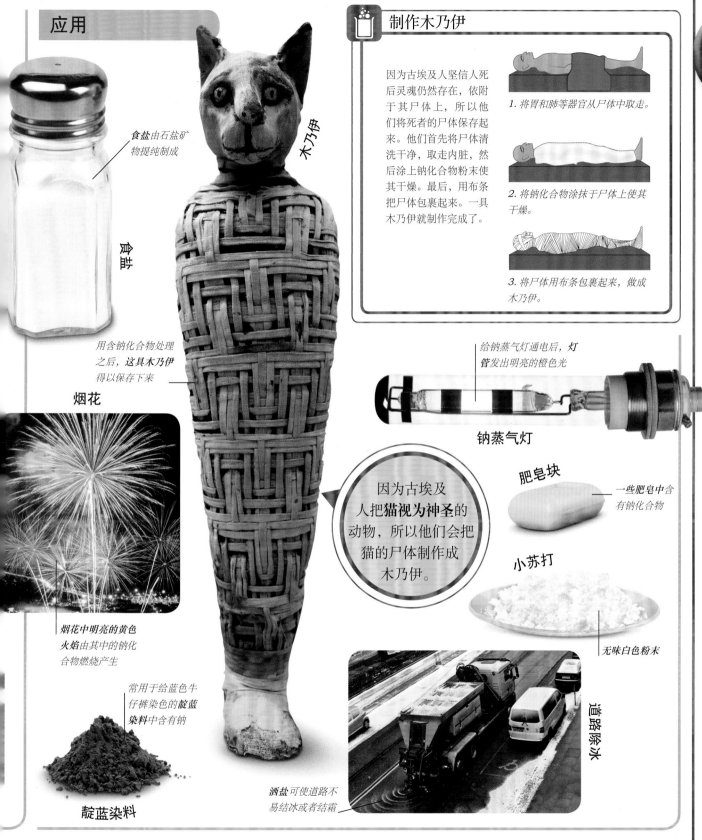

应用

食盐由石盐矿物提纯制成

食盐

用含钠化合物处理之后，**这具木乃伊**得以保存下来

木乃伊

制作木乃伊

因为古埃及人坚信人死后灵魂仍然存在，依附于其尸体上，所以他们将死者的尸体保存起来。他们首先将尸体清洗干净，取走内脏，然后涂上钠化合物粉末使其干燥。最后，用布条把尸体包裹起来。一具木乃伊就制作完成了。

1. 将胃和肺等器官从尸体中取走。

2. 将钠化合物涂抹于尸体上使其干燥。

3. 将尸体用布条包裹起来，做成木乃伊。

给钠蒸气灯通电后，**灯管发出明亮的橙色光**

钠蒸气灯

因为古埃及人把**猫视为神圣**的动物，所以他们会把猫的尸体制作成木乃伊。

肥皂块

一些肥皂中含有钠化合物

小苏打

无味白色粉末

烟花

烟花中明亮的黄色火焰由其中的钠化合物燃烧产生

常用于给蓝色牛仔裤染色的**靛蓝染料**中含有钠

靛蓝染料

酒盐可使道路不易结冰或者结霜

道路除冰

生火焰。烟花中的含钠化合物燃烧发出橙黄色光。在古埃及，钠化合物粉末可用来将尸体制作成**木乃伊**。另一种有用的化合物是碳酸氢钠，也叫**小苏打**。它通过释放二氧化碳气泡使面团发酵膨胀。提纯后的氯化钠（**食盐**）用途很广泛。由于它可加速冰雪融化，所以可将它洒于光滑的结冰路面，用于**道路除冰**，保障交通安全。但因其会对道路造成侵蚀，许多国家已不再使用。氯化钠同样也是重要的餐饮调味剂。

盐田

秘鲁安第斯山脉的高处，马拉斯小城附近的山腰上点缀着数百个人工盐池。盐池中的水来自地下泉水，通过引渠从山上缓缓流下。水在阳光的照射下蒸发，留下厚厚的一层盐壳，被人们收集起来。马拉斯人用这种方式收集盐已经至少 500 年了。

深埋于地下的岩石中含有盐，泉水溶解了岩石中的盐分，然后流过这些水池。人们也用蒸发的方法从海水或其他富含盐的水体（也就是卤水）中收集盐。今天，世界上越来越多的盐来自地下矿藏。这些盐矿是古代海洋干涸后留下的。在数百万年间，这些干燥的盐被深埋于密实的岩层之下。这些岩盐有时需要用挖掘机来开采。其他盐矿用管道输送热水将盐溶解，而后再将其（卤水）泵出地表等待蒸发。

19 K 钾（jiǎ）

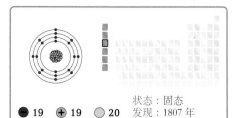

状态：固态
● 19　＋ 19　○ 20　发现：1807 年

形态

这种物质富含氯化钾

草木灰

这个装有金属钾的玻璃容器是真空的，以防钾与空气中的氧气发生反应

真空瓶中的金属钾（实验室样品）

柔软且有光泽的固体

黄色和绿色来源于杂质

这种矿物含有氯化钾，因此味咸

钾石盐

钾最初是在植物燃烧后的残余物中发现的。汉弗莱·戴维用草木灰水（一种植物燃烧后的残余物和水的混合物）进行实验时，发现了钾。钾的英文名称 "potassium" 来源于**草木灰**的英文名称 "potash"，但是该元素的符号 "K" 来源于拉丁语单词 "kalium"，意为 "灰烬"。自然界中还未发现游离状态的钾，钾通常存在于**钾芒硝**和**钾石盐**等矿物中。钾元素对人体至关重要，这是由于钾可以维持肌肉和神经的正常运转。正因如此，

应用

钾芒硝

苏打水

苏打水中含有钾化合物，以提升味道

这种盐中含有氯化钾，可降低血压

钾盐

氧气呼吸器

氧气呼吸器是专业潜水员使用的一种设备，可以帮助潜水员长时间待在水下。

1. 呼出的气体中含有二氧化碳，这些气体进入氧气呼吸器。

咬嘴

5. 潜水员吸入氧气。

2. 二氧化碳进入反应室，然后与过氧化钾反应。

4. 氧气流出反应室。

3. 氧气在反应室中产生。

氧气呼吸器

钾溶液可用于给病人补水

富含钾的肥料易于被土壤吸收，可以促进植物生长

生理盐水

火药

气缸里装有过氧化钾

洗手液中含有的钾化合物起到清洁剂的作用

洗手液

肥料

这种爆炸性混合物中含有粉末状硝酸钾

香蕉

富含钾的食物

鳄梨

甘薯

强化玻璃屏幕

这种**强化玻璃屏幕**中含有钾

我们需要吃**富含钾的食物**，比如香蕉、根茎类蔬菜和鳄梨。这些食物中都含有氯化钾。添加了微量氯化钾的食物会有更好的味道，比如**苏打水**。它也是氯化钠（食盐）的一种健康的替代品。氯化钾同时还是为重病患者补充水分的**生理盐水**的重要成分。硝酸钾由钾、氧和氮组成，可制作**火药**。手机**强化玻璃屏幕**中也含有钾。

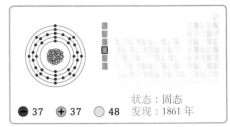

37
Rb 铷（rú）

状态：固态　发现：1861 年

－ 37　＋ 37　○ 48

形态

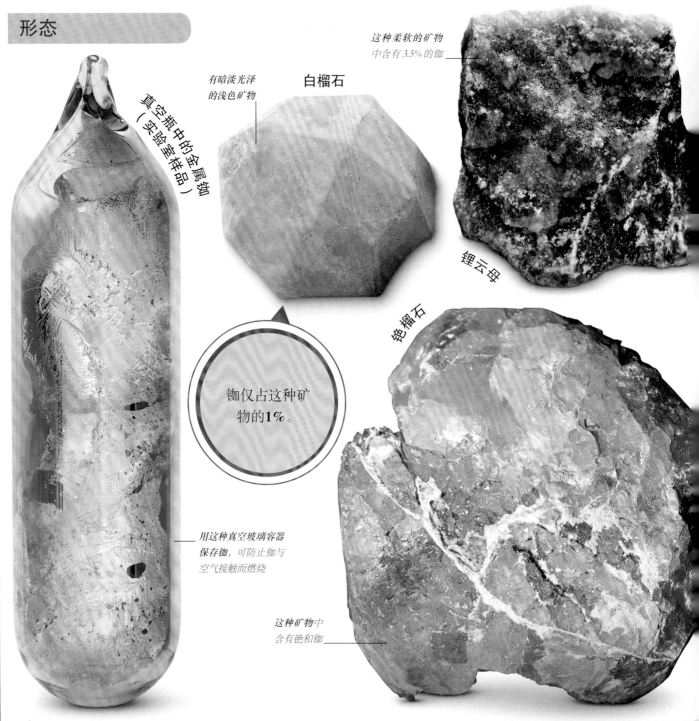

真空瓶中的金属铷（实验室样品）

有暗淡光泽的浅色矿物

白榴石

这种柔软的矿物中含有 3.5% 的铷

锂云母

铯榴石

铷仅占这种矿物的 **1%**。

用这种真空玻璃容器保存铷，可防止铷与空气接触而燃烧

这种矿物中含有铯和铷

铷的英文名称"rubidium"来自于拉丁文单词"rubidius"，意为"深红色"。这是指它燃烧时发出红色火焰。这种元素的化学性质非常活泼，遇到空气就会燃烧，遇到水也会发生剧烈反应，产生氢气并释放大量的热量。

铷并不集中分布于个别矿物中，而是微量广泛分布于多种矿物中，比如**白榴石**和**铯榴石**。单质铷主要从矿物**锂云母**中提取出来。铷长石中铷的含量更高，但是这种矿物很稀少。铷对光线很敏感，可用于制作光电

应用

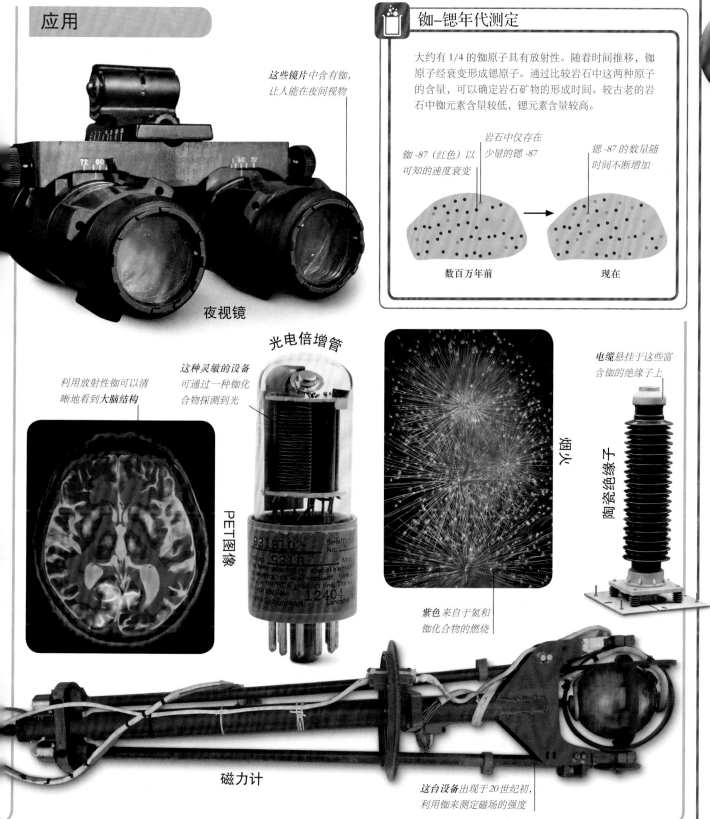

这些镜片中含有铷，
让人能在夜间视物

夜视镜

铷–锶年代测定

大约有1/4的铷原子具有放射性。随着时间推移，铷原子经衰变形成锶原子。通过比较岩石中这两种原子的含量，可以确定岩石矿物的形成时间。较古老的岩石中铷元素含量较低，锶元素含量较高。

铷-87（红色）以
可知的速度衰变

岩石中仅存在
少量的锶-87

锶-87的数量随
时间不断增加

数百万年前　　　　　现在

利用放射性铷可以清
晰地看到大脑结构

这种灵敏的设备
可通过一种铷化
合物探测到光

光电倍增管

电缆悬挂于这些富
含铷的绝缘子上

PET图像

931B10

931B

12404

烟火

陶瓷绝缘子

紫色来自于氮和
铷化合物的燃烧

磁力计

这台设备出现于20世纪初，
利用铷来测定磁场的强度

碱金属元素

管（该设备可将光信号转变为电信号）和**夜视镜**。这种元素具有放射性，可用于测定岩石的年龄。将铷注射到病人体内，铷在高代谢的恶性肿瘤组织中聚集较多，这一特点能在 PET（正电子发射断层显像）**图像**上清晰显示出来。铷也被用于制作**光电倍增管**（一种光敏电子器件）、高压电缆上使用的绝缘子和某些特殊的玻璃。

55
Cs 铯 (sè)

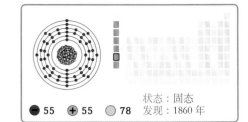

状态：固态
● 55 ⊕ 55 ○ 78   发现：1860 年

形态

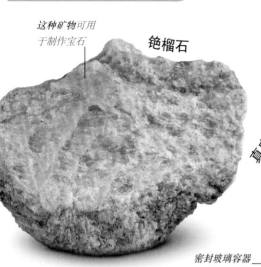

这种矿物可用
于制作宝石

铯榴石

闪亮的银白色金属

实验室样品（真空瓶中的金属铯）

密封玻璃容器

基尔霍夫和本生

铯于 1860 年由德国科学家罗伯特·本生
和古斯塔夫·基尔霍夫发现。他们在燃
烧器上燃烧矿泉水残渣，观察火焰的光
谱。其中的一束光是与众不同的天蓝色，
这就是铯产生的颜色。

古斯塔夫·基尔霍夫（左）
和罗伯特·本生（右）

应用

这种高精度的计时器中的
一种是铯原子钟

原子钟

钻井液中高密度的铯
化合物可有效阻止有
毒气体扩散到地表

钻井液

铯是地球上最活泼的金属，它与空气或者水接触就会
燃烧并爆炸。因此，铯需储存于真空玻璃管中。铯很
稀有，矿物铯榴石是提取它的主要原料。它的英文名
称"caesium"意为"天蓝色"，取自铯燃烧时火焰的颜色。

铯可以用来制作原子钟，这种钟的精确度可以到十亿
分之一秒。目前最精确的铯原子钟 NIST-F2 每 3 亿年
误差不超过 1 秒。

87 Fr 钫（fāng）

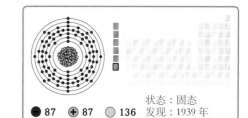

状态：固态
● 87　➕ 87　○ 136　　发现：1939 年

钍石

这种矿物于 1828 年
在挪威被发现

玛格丽特·佩雷

1939 年，法国化学家玛格丽
特·佩雷在研究放射性金属
锕的衰变时发现了钫。她发
现锕衰变为钍和一种未知的
元素，并且以她祖国的名字
（France）命名了这种元素
（francium）。

深色的外壳是铀矿，
其中含有微量的钫

地球岩石
中每100万兆个
铀原子中就有一
个钫原子。

晶质铀矿

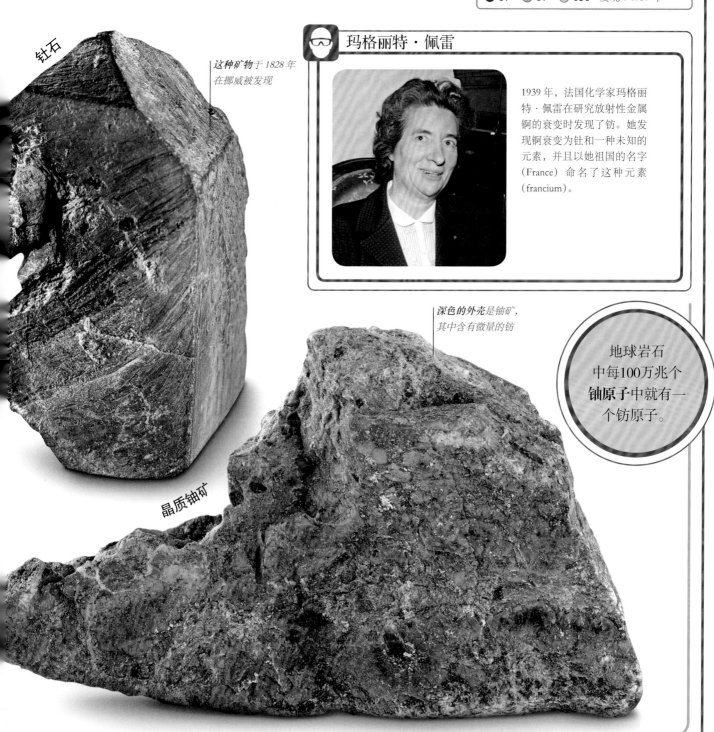

钫是地球上非常稀有的自然元素。科学家认为，在地壳中或许仅存在约 30 克的钫。钫原子在其他放射性元素原子的衰变过程中产生。钫可从放射性矿石（比如**钍石**和**晶质铀矿**）中提取出来。钍石和晶质铀矿中都含有微量的钫。即便如此，至今为止最大的钫样品也仅含有 30 万个钫原子，并且仅存在了几天。除了作为科学研究对象之外，钫还没有其他方面的用途。

钡晶体在空气中
会变为黑色。

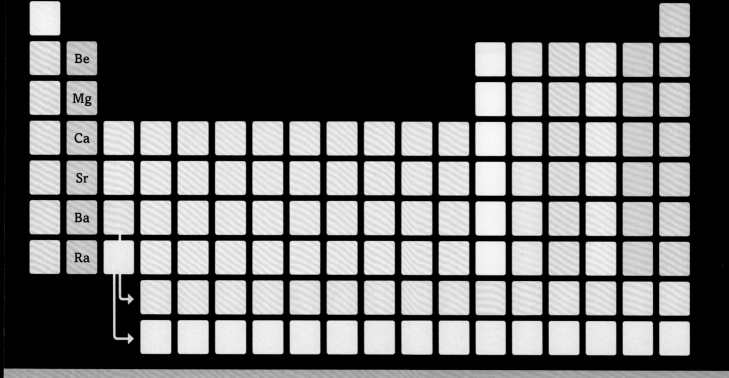

碱土金属元素

这一族都是以化合物形式在地壳常见矿物中存在的活泼金属。人们认为这些矿物中的大多数是由土演变而来的，而且呈碱性，故称其为碱土。所有碱土金属都在 19 世纪首次得到提纯。

原子结构

碱土金属原子的最外层有两个电子。镭是其中放射性最强的元素。

物理性质

这一族的所有金属都是柔软且有金属光泽的。它们在常温下是固体。

化学性质

这些金属的化学性质与碱金属相似，但不如碱金属活泼。除铍外，所有碱土金属都可以与热水或蒸汽发生反应。

化合物

这些元素失去最外层电子，与非金属结合形成化合物。几种碱土金属化合物存在于牙齿和骨骼中。

4

Be 铍（pí）

状态：固态
发现：1797 年

—4　+4　5

形态

这种矿物也有棕色、绿色和橙色的

海蓝宝石

由于含有铁杂质，这些晶体呈淡蓝色

实验室中提纯的金属铍样品

> 铍存在于30多种矿物中。

金绿宝石

轻质金属

这种应用广泛的元素的英文名称"beryllium"来自希腊单词"beryllos"，后来绿柱石的英文名称（beryl）也是这样命名的。铍是最轻的碱土金属，但它并不具有该族其他金属的许多共性。例如，它不与水反应，

而且比同族中的其他金属要硬得多。两种常见的含铍矿物是**金绿宝石**和绿柱石。绿柱石有不同的种类，如**海蓝宝石**和祖母绿。铍的用途有很多。例如，一些军用直升机使用含有铍的玻璃作为窗户，来保护光学传

应用

"阿帕奇"武装
直升机

铍合金窗户

路易·尼古拉·沃克兰

铍是由法国化学家路易·尼古拉·沃克兰于 1798 年发现的。他从绿柱石的珍贵绿色变种祖母绿中提取出了金属铍单质。他当时已经发现了铬元素。铬也存在于祖母绿中，使祖母绿呈现绿色。

自动喷水灭火装置

这种密封圈由铍镍合金制成，非常结实，使喷出的高压水不会从四周漏出

这些用铍制成的镜面在寒冷的太空中不会收缩

铍管将质子束发射到这个装置里

詹姆斯·韦伯空间望远镜

超环面仪器（ATLAS），大型强子对撞机，欧洲核子研究组织，瑞士

安全气囊是由含有铍的传感器触发的

安全气囊

气体激光器

这个氩气体激光器中的散热片是用铍氧化物制成的，能快速导热，使激光器冷却下来。

感器，帮助飞行员在夜间或雾中飞行。用这种金属制成的物体不易变形，也不会随温度变化膨胀或收缩。因此，铍能用来制造**自动喷水灭火装置**和汽车上触发**安全气囊**的传感器。美国国家航空航天局的**詹姆斯·韦伯空间望远镜**将使用轻而坚固的铍镜。铍氧化物能制成陶瓷制品，用在激光器和微波发生器上。铍和铜的合金可以用来制造弹簧。

12 Mg 镁（měi）

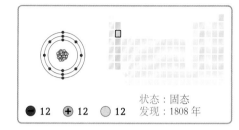

状态：固态
发现：1808 年

● 12　＋ 12　● 12

形态

这种富含镁的绿色矿物在地下深处形成

蛇纹石

羽毛状

透闪石

闪亮的灰色结晶

实验室中提纯的金属镁样品

镁有 **22种已知的** 同位素。

白云石

这种矿石是碳酸镁在自然界中存在的一种形式

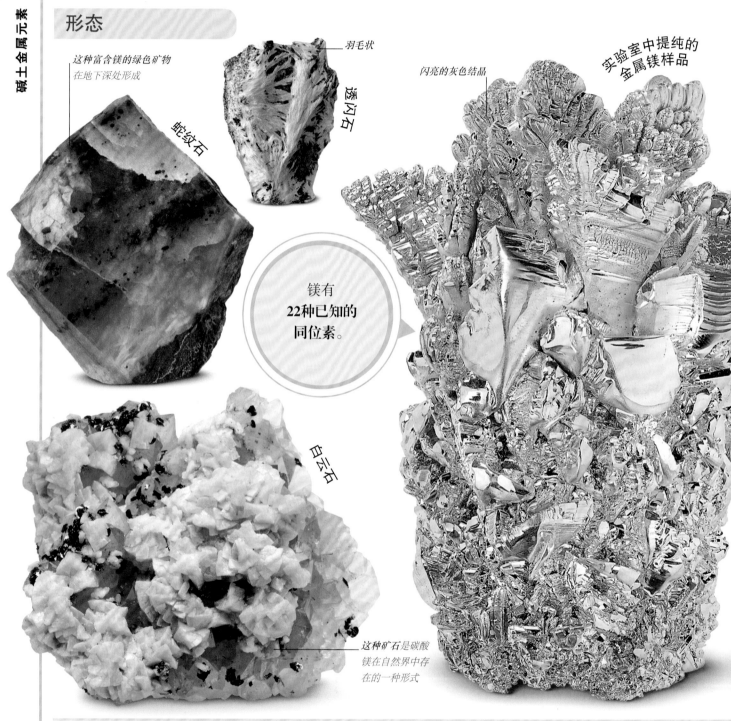

镁的英文名称"magnesium"以希腊城市美格尼西亚（Magnesia）命名。这种元素大量存在于地幔深处，海水和许多矿物（例如**蛇纹石**）中也有镁。矿物**白云石**也是提炼金属镁的来源之一。镁有许多重要的用途。

镁合金不仅坚固，而且重量轻，因此很多东西都是用镁合金制成的，如车轮和**照相机**等。几个世纪以来，许多自然存在的含镁矿物被用于制作药物。**镁乳**与胃酸反应可以缓解消化不良。加热镁砂生成的氧化镁是

应用

合金车轮

镁合金使轮子结实闪亮

叶绿素中的镁

叶绿素是植物的一种重要分子，也是植物呈现绿色的原因。叶绿素的中心有一个镁原子，在光合作用中能够帮助植物将光能转化为化学能。

Mg

叶绿素分子

照相机

照相机的**镁合金机身**重量轻，而且不易生锈

Canon
EOS 5D
CANON LENS EF 50mm 1:1.4
CANON LENS MADE IN JAPAN
Mark III

硫酸镁

含有硫酸镁的晶体可以作为舒缓沐浴剂加入温水中

这种粉末使皮肤爽滑

爽身粉

燃烧镁化合物产生的**白光**

这种胃药是水和氢氧化镁的混合物

镁乳

硅酸盐水泥

这种广泛使用的水泥中含有**氧化镁粉末**

烟花

Panasonic CF-20
TOUGHBOOK

笔记本电脑的**镁合金外壳**虽然重量轻，但很坚固

笔记本电脑

水泥的重要成分。镁化合物也用于制造**烟花**，它燃烧时产生白色火焰。**硫酸镁**可以作为一种帮助肌肉放松的药剂使用。硅酸镁俗称滑石，是一种无颗粒感的矿物，可以制成爽身粉。

20 Ca 钙（gài）

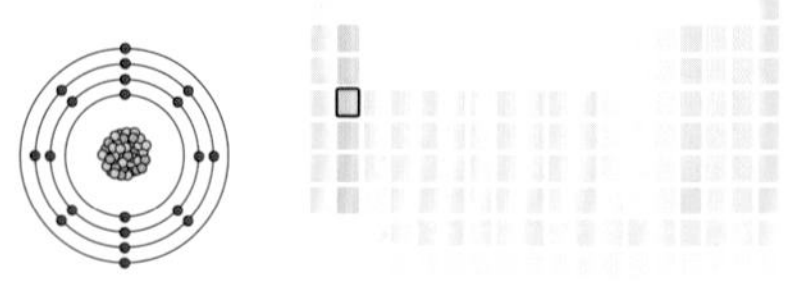

状态：固态
−20 +20 ○20
发现：1808 年

形态

晶体表面有金属光泽

这种金属非常软，用刀就可以切割

实验室中提纯的金属钙晶体

方解石

大块尖牙状晶体

这些柱状晶体含有碳酸钙

文石

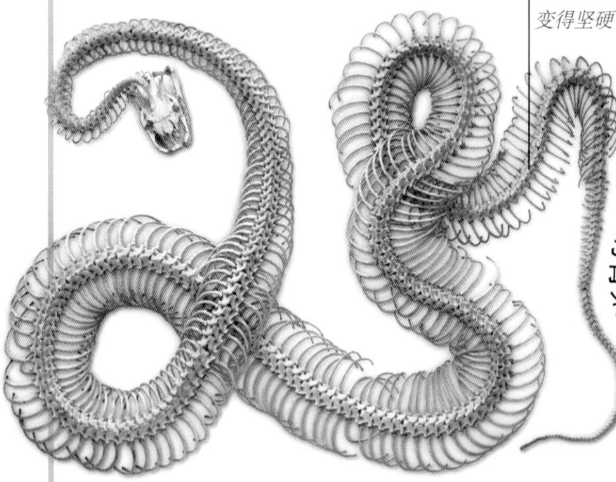

磷酸钙使骨骼变得坚硬

蛇的骨架

钙是人体内含量最高的金属元素，也是地壳中含量第五高的元素。它存在于多种矿物中，如由钙和碳组成的化合物碳酸钙形成的**方解石**和**文石**。动物骨骼中含有磷酸钙。许多动物的坚硬外壳由碳酸钙构成，如**螺**壳。钙在我们的日常饮食中很重要。我们通过吃**富含钙的食物**摄取钙，其中包括乳制品、绿色蔬菜和坚果。橙子也是获得钙的一个良好来源，而且一些市售橙汁中还额外添加了钙。**抗酸药片**中含有碳酸钙，可以用

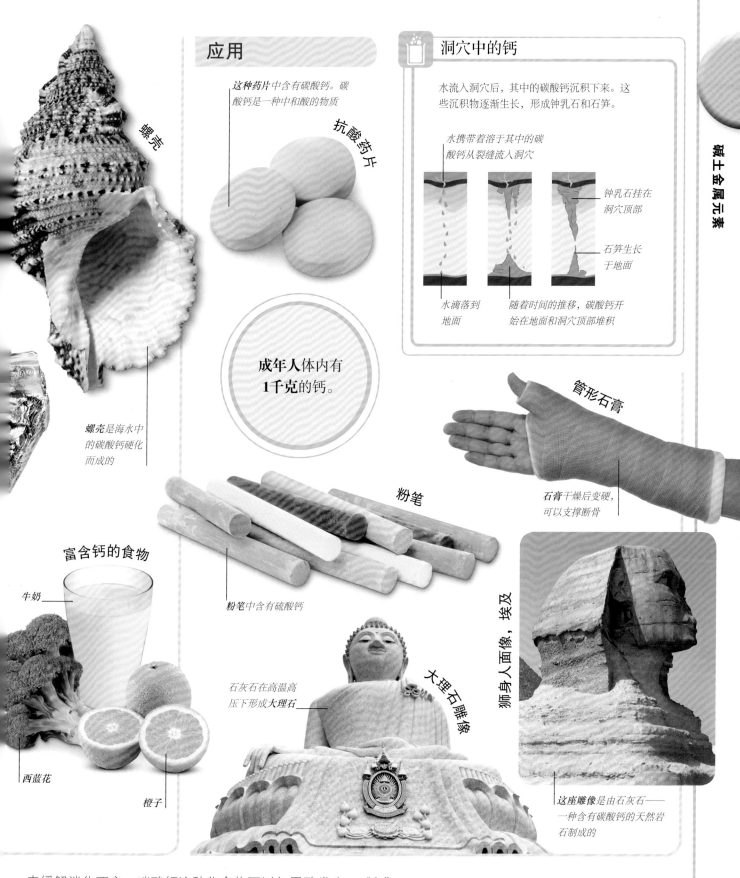

应用

这种药片中含有碳酸钙。碳酸钙是一种中和酸的物质

抗酸药片

螺壳

螺壳是海水中的碳酸钙硬化而成的

成年人体内有 **1千克**的钙。

洞穴中的钙

水流入洞穴后，其中的碳酸钙沉积下来。这些沉积物逐渐生长，形成钟乳石和石笋。

水携带着溶于其中的碳酸钙从裂缝流入洞穴

钟乳石挂在洞穴顶部

石笋生长于地面

水滴落到地面

随着时间的推移，碳酸钙开始在地面和洞穴顶部堆积

管形石膏

石膏干燥后变硬，可以支撑断骨

粉笔

粉笔中含有硫酸钙

富含钙的食物

牛奶

西蓝花

橙子

石灰石在高温高压下形成**大理石**

大理石雕像

狮身人面像，埃及

这座雕像是由石灰石——一种含有碳酸钙的天然岩石制成的

来缓解消化不良。碳酸钙这种化合物可以与胃酸发生反应。钙的化合物在建筑材料中也很常见。氧化钙是水泥的重要成分，可以使水泥凝结变硬。用来使墙壁变得光滑的石膏板、**粉笔**和**管形石膏**全都由矿物石膏制成。

飞喷泉

位于美国内华达州黑岩沙漠的多彩飞喷泉由一堆碳酸钙岩石组成。类似这样的小山和水池在其他很多地方也能看到，这种景观常自然形成于有富含钙的温泉喷出的地方。岩石奇妙的彩色源于生长于水中的藻类和细菌。

飞喷泉并非自然奇观。它是1964年工程师们在寻找温泉时，因钻井而偶然形成的。工程师们当时找到了一个因地下深处火山运动而增温的小型蓄水池，但他们当时选择掩盖该井，去其他地方寻觅。最终，地热水喷薄而出，形成了天然喷泉，也就是间歇泉。数十年间，水中的钙慢慢沉积、生长。现在中间的小山已高达1.5米，直径达4米。滚烫的水从中喷出，水柱能达到1.5米高。

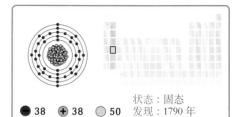

38 Sr 锶（sī）

碱土金属元素

状态：固态
● 38 ⊕ 38 ○ 50　发现：1790 年

一些含有锶的颜料白天吸收光，**晚上发光。**

形态

碳酸锶矿

柔软易碎的晶体

灰色的金属在空气中变成黄色

实验室中提纯的金属锶晶体

天青石

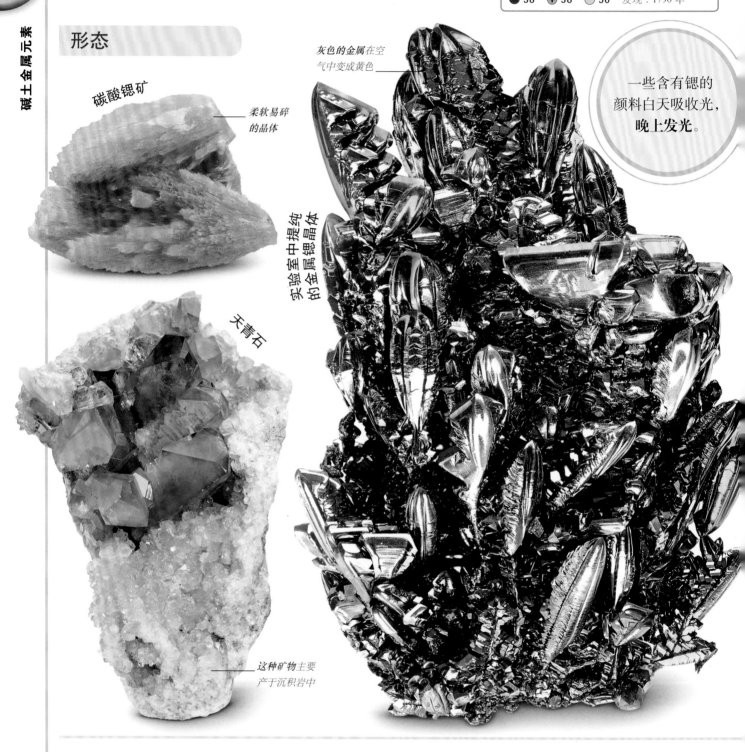

这种矿物主要产于沉积岩中

锶于 1790 年在苏格兰斯特朗申镇附近发现的一种矿物中被发现。这种矿物燃烧时发出明亮的深红色火焰。英国化学家托马斯·查尔斯·霍普对它进行研究，发现其中含有一种新的元素。这种矿物被称为**碳酸锶矿**，

它是提取锶的主要来源。锶单质最初是由英国化学家汉弗莱·戴维于 1808 年提炼出来的。他通过实验用电从矿物中提取出元素。锶曾用于制造电视屏幕，但如今这种应用变得越来越少。在陶瓷和陶瓷釉料中加

应用

涂釉陶瓷

碗的表面光滑
是由于其中含
有氧化锶

**锶在空气中燃烧，发
出明亮的红色火焰**

曳光弹

**无人值班浮标
中的灯**可用放
射性锶供电

导航浮标

扬声器

碱土金属元素

扬声器里的
磁体含有锶

一些牙膏中的锶化合物
可以缓解疼痛

抗敏牙膏

发电

锶的放射性同位素可以用来发电。温差式放射性同位素
电源（RTG）将衰变能转化为电能给航天器供电。

散热片用来防止 RTG 过热

热电偶是一种将放射
性金属的温差转换成
电能的装置

在电池内部，放射性锶
的原子衰变成较轻的元
素，放出热能

RTG 被封装起来，可
以防止放射性外泄

无人值班雷达站
利用锶-90 产生
的电力运行

气象雷达站

入锶的氧化物能使它们产生独特的颜色，而**曳光弹**和
烟花中的碳酸锶则发出红色火焰。在含有氧化铁的磁
体中添加锶可以增强它的磁性。**扬声器**和微波炉中使
用了这些强磁体。氯化锶可以添加到牙膏中。在没有
电力线或燃料供应的偏远地区，雷达站依靠放射性锶
发电来供电。

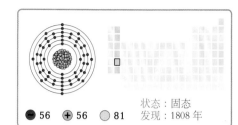

56
Ba 钡（bèi）

状态：固态
发现：1808 年

● 56　＋ 56　○ 81

形态

这种矿物用于制作陶瓷釉料

碳酸钡矿

在18世纪以前，农民用碳酸钡矿作为老鼠药。

这种柔软的金属有银白色光泽

金属接触到空气时，会形成无光泽的灰色氧化层

沙漠玫瑰

沙漠的沙中混有重晶石或石膏时会形成花瓣状的石头

硅酸钡钛矿

这些玻璃质的蓝色晶体含有钡和钛

钡的英文名称"barium"源自希腊单词"barys"，意为"重的"，这是因为钡和它形成的矿物的密度很大。钡单质最初是由英国化学家汉弗莱·戴维于 1808 年从钡的氧化物中提取出来的。游离状态的钡在自然界中并不存在，当初，戴维是通过蒸馏钡汞齐制得钡的。如今，钡的主要来源是重晶石，这是一种在沙漠中和热液矿脉中形成的硫酸盐矿物。**硅酸钡钛矿**是一种罕见的矿物，其中也含有钡。在**火花塞**中加入钡元素可以产生

应用

火花塞

这个插头含有钡镍合金

实验室中提纯的金属钡晶体

玻璃制造

在**玻璃**中加入氧化钡和碳酸钡可以使玻璃变得更亮

青玉炻器壶

这个壶是用富含钡的黏土制成的

钡餐

在医学检查中，钡用来发现病人消化系统中的问题。病人会吞下硫酸钡溶液，使其充满消化器官。

1. 吞服含钡盐的溶液。

2. 溶液进入后逐渐充满整个胃。

3. 在 X 射线扫描下，充满硫酸钡的胃清晰可见。

真空管

金属带中的钡吸收管内的气体，使管中保持真空

X射线扫描

肠道中充满硫酸钡（钡餐）

更强大的火花，而在玻璃中加入钡元素可以使其更加闪亮。有些黏土中添加了钡化合物，用于制作壶和花瓶。在油井上，在钻井液中添加钡化合物可以使其密度增加。医生在对消化系统进行 **X 射线扫描**之前，会先让病人喝下硫酸钡（钡餐）。钡可以使柔软的消化器官密度变大，从而可以在 X 射线下清晰地看到。

88
Ra 镭（léi）

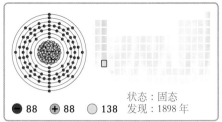

状态：固态
● 88　＋ 88　○ 138　发现：1898 年

形态

晶质铀矿

1000 千克的晶质铀矿中仅含有 0.7 克的镭

在 **100年**的时间里，这块表中的镭原子只有4%会衰变。

镭是碱土金属元素中唯一具有放射性的元素。它也是这一族中最稀有的元素，更常见的金属元素（如铀和钍）的原子衰变后能产生微量的镭，而镭原子会衰变成氡——一种放射性惰性气体元素。镭元素非常危险，

人们现在很少使用它了。然而在 20 世纪初，镭化合物曾被广泛使用。发光的涂料，如夜光表盘上能在黑暗中发光的涂料就含有镭。接触这种涂料的工人会经常生病，尤其容易罹患癌症。这是因为镭产生的辐射会

皮埃尔·居里和玛丽·居里

镭是由居里夫妇于 1898 年发现的。他们发现含铀的矿石比铀单质样品产生的放射性要强，从而意识到其中存在另外一种放射性金属，并将其命名为镭。

表盘上的含镭涂料使这些数字在黑暗中发绿光

小瓶里有氯化镭液体

注射剂

怀表的夜光表盘

这种机器出现于 20 世纪初，能将镭与水混合。当时的人们认为这种饮料更健康

化妆品

RADIUM VITAE

N° 1

含镭的散粉曾被认为对皮肤有好处

镭发生器

RADIUM-EMANATOR

GUARANTEED
10000 MILLIMICROCURIE
OF RADIUM EMANATION PER
RADIUM VITA LTD
LONDON S.W.

含镭的润肤乳在 20 世纪 20 年代很常见

破坏脱氧核糖核酸（DNA）。然而在 20 世纪 40 年代以前，许多人都认为镭的放射性可以使他们更强壮，而不知道它有害健康。他们给自己注射含有镭化合物的药剂，相信它能使自己精力充沛。他们还认为用含镭的护肤霜和**化妆品**可以使皮肤更健康，但实际上这些东西的效果正好相反，可以致癌。

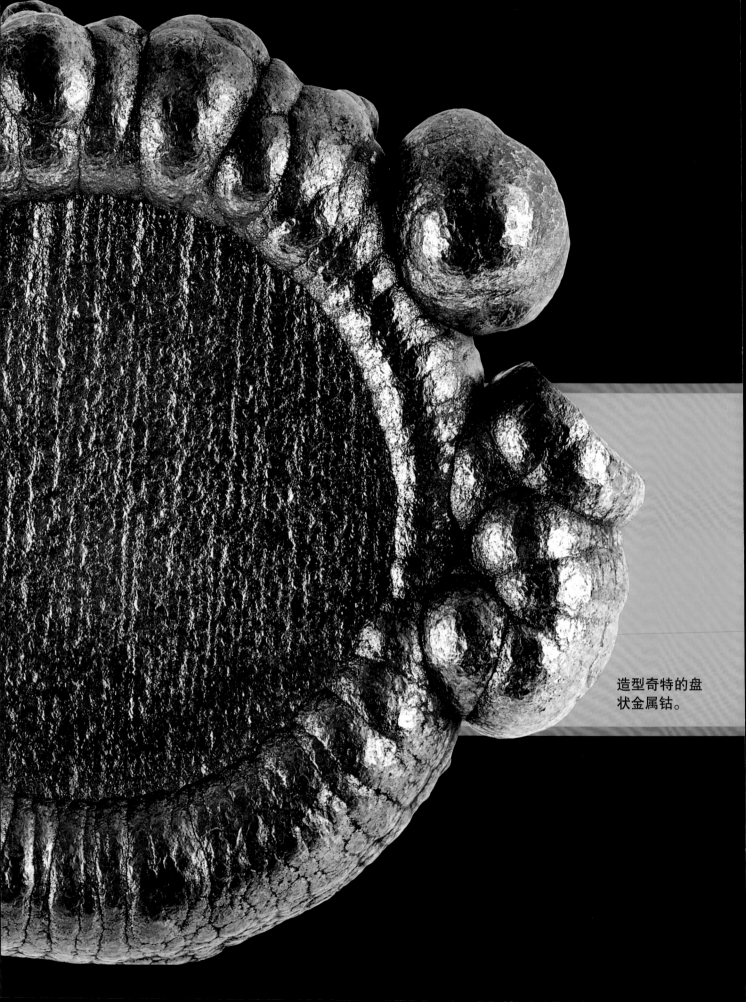

造型奇特的盘
状金属钴。

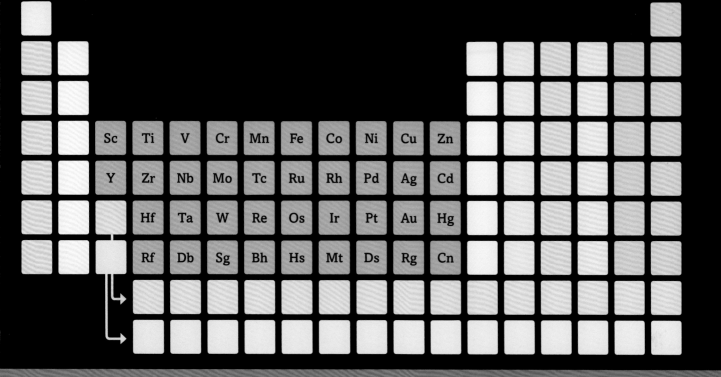

过渡金属元素

这是元素周期表中成员最多的一类元素。这部分金属元素中包含许多有用的元素，比如金、铁和铜。其中许多元素容易塑形。第四行的元素（从𬬻到镉）都是人工合成的，在自然界中不存在。它们都是由科学家在实验室中制成的。

原子结构

大多数的过渡金属元素原子有两个外层电子，但是少数几种金属元素，比如铜原子的外层仅有一个电子。

物理性质

这些元素通常都是坚硬并且致密的金属。汞是唯一一种在室温下为液态的过渡金属元素。

化学性质

过渡金属元素并不如碱金属及碱土金属元素那么活泼，但它们形成了多种多彩的化合物。

化合物

许多过渡金属化合物有着鲜艳的色彩。这些金属常常用于制作合金，比如黄铜和钢。

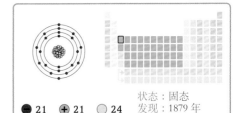

21 Sc 钪（kàng）

状态：固态
● 21 ＋ 21 ○ 24
发现：1879 年

形态

质地滑腻

这种晶体仅含有微量的钪

黑稀金矿

这种银白色金属在空气中被氧化为黄色

实验室中提纯的金属钪样品

硅铍钇矿

应用

这种轻质合金手柄不易弯曲

兜网球球拍

灯泡中的碘化钪气体发出明亮的蓝色光

金属卤化物灯

米格29战斗机

一些高速飞机的机身由钪合金制成

钪是一种质地柔软且轻的金属，与铝相似。钪在地球岩石中的含量很少，因此很难收集到大量的钪。它仅应用于某些特定的领域。**硅铍钇矿**和**黑稀金矿**是含钪的两种主要矿物。这两种矿物中也含有其他的稀有金属，比如铈和钇，但含量很低。钪和铝的合金是一种坚硬的材料，常用于制造轻质的运动器械，比如**兜网球球拍**。同时它还可以用于制作高速飞机（比如**米格29战斗机**）的机身。

22 Ti 钛 (tài)

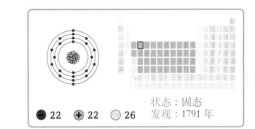

状态：固态
发现：1791 年

● 22 ⊕ 22 ○ 26

形态

钙钛矿

*这种灰色的立方体晶体*由钛酸钙构成

板钛矿的深红色大晶体含有氧化钛

板钛矿

这些是钠长石晶体

金属钛在空气中失去光泽，变为灰色

实验室中提纯的金属钛样品

应用

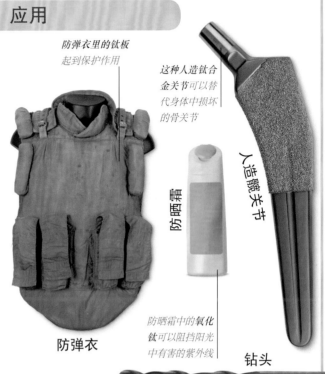

防弹衣里的钛板
起到保护作用

这种人造钛合金关节可以替代身体中损坏的骨关节

人造髋关节

防晒霜

防弹衣

防晒霜中的氧化钛可以阻挡阳光中有害的紫外线

钻头

钻头上的氮化钛涂层起到加固作用

手表外壳由钛合金制成

腕表

单排轮滑鞋

钛合金框架
轻巧坚固

钛的英文名字"titanium"以希腊神话中神族的泰坦（Titans）命名。它是一种带有银色金属光泽的金属。钛和钢一样坚硬，但是质量轻很多，而且还不易被水或者其他化学物质腐蚀。这种坚硬的金属可用于制作**防**弹衣中防护性极好的防弹层。钛通常用于制备二氧化钛——一种钛和氧的化合物，二氧化钛可用于制作油漆颜料和**防晒霜**。钛没有毒性，所以可用作医学植入体，比如**人造髋关节**。用钛合金制成的**腕表**又轻又坚固。

23 V 钒（fán）

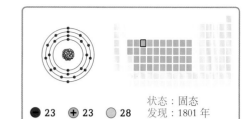

状态：固态
发现：1801 年

● 23 ✚ 23 ◯ 28

形态

钒铅矿

这种易碎的晶体是
提取钒的主要来源

这种菌含有
比较多的钒

毒蝇鹅膏菌

钒钾铀矿

银色的表面

这种粉状的黄色外
壳含有微量的钒

实验室中提纯的金属钒晶体

应用

扳手

由加入了钒的
钢制成的工具
非常结实耐用

大约**85%**的金
属钒被用于制
作钒钢。

这把刀中添加了
钒，以增加硬度

大马士革钢刀

钒在被捶打和拉伸时不会折断。这种具有良好韧性的金属很容易塑形。金属钒由英国化学家亨利·罗斯科于 1867 年首次制得。现在，钒通常从**钒铅矿**中提炼。古代冶金工人用添加微量钒的化合物制作坚硬的大马士革钢。这种材料以叙利亚的首都大马士革命名，那里的工人可以制作出非常锋利的刀剑。钒现在依旧会加入工具（比如**扳手**和刀具）中。

24 Cr 铬（gè）

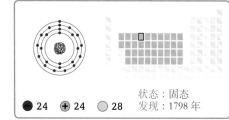

状态：固态
发现：1798 年

● 24 ⊕ 24 ○ 28

形态

铬铁矿

铬铁矿呈褐黑至铁黑色

这些红色大晶体中含有铬和铅

铬铅矿

实验室中提纯的金属铬样品

即使暴露于空气和水中，这种金属依然保持闪亮的光泽

应用

这种擦丝器中含有铬，因此可抗腐蚀

不锈钢厨房用具

红色来源于晶体中含有的微量氧化铬

红宝石

镀铬可防止摩托车生锈

摩托车

铬的英文名称"chromium"来源于希腊单词"chroma"，意为"颜色"。包括铬铁矿和铬铅矿在内的许多铬矿物都呈现出鲜艳的颜色。人造铬铅矿曾被用在染料中，称为"铬黄"，但是后来科学家发现它具有毒性，它因此被禁止使用。金属铬耐腐蚀，因此被用来与铁和碳混合在一起制作不锈钢。像红宝石等含铬的宝石会呈现出深红色。一些摩托车的车身上镀铬，使表面呈现金属光泽。

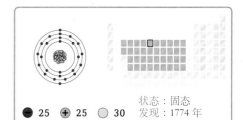

25	
Mn	**锰**（měng）

状态：固态
发现：1774 年

⊖ 25　⊕ 25　◯ 30

形态

透明的淡玫瑰色晶体

菱锰矿

锰于1774年首次从**软锰矿**中**提炼**出来。

闪亮的银色金属

软锰矿

这种矿物由二氧化锰组成

锰的英文名称"manganese"来源于希腊城市马格尼西亚（Magnesia）。锰的矿石有很多种，例如彩色的**菱锰矿**。金属锰主要从**软锰矿**中提炼。纯锰的密度大、硬度强，但是韧性低。该元素在海水中以锰的氢氧化物和氧化物的形态存在。这两种化合物在数百万年里在海底层层堆积，形成锰结核。人体需要微量的锰，我们可以从**富含锰的食物**（比如蚌、坚果、燕麦和菠萝）中获得。锰可以用来增加钢铁的硬度。添加了锰的钢

菠萝
燕麦片

蚌
榛子

富含锰的食物

实验室中提纯的金属锰样品

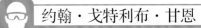

应用

5美分硬币

由于第二次世界大战期间镍金属供应短缺，因此这种美国硬币用锰和银制成

约翰·戈特利布·甘恩

1774 年，瑞典化学家约翰·戈特利布·甘恩从软锰矿与木炭（含有碳）在加热条件下的反应中，制得了锰。碳可将化合物中的氧置换出来，从而得到金属锰。

过渡金属元素

干电池

这种电池中含有二氧化锰

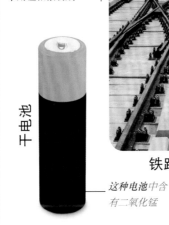

制造这些轨道的钢中加入了锰，从而使轨道更加坚固

铁路轨道

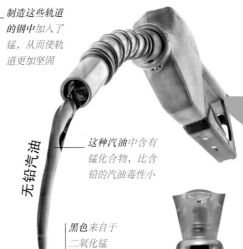

无铅汽油

这种汽油中含有锰化合物，比含铅的汽油毒性小

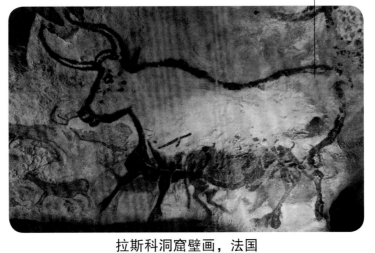

黑色来自于二氧化锰

拉斯科洞窟壁画，法国

紫色玻璃瓶

这种玻璃的紫色来自于一种被称为高锰酸盐的锰化合物

铁可用于制作**铁路轨道**和坦克的外壳。一些**干电池**的负极材料由二氧化锰制成。锰的化合物可添加到汽油中，同时还可用于去除玻璃中的杂质，使玻璃更加透亮或者使玻璃呈紫色。在史前时期，含有二氧化锰的矿石被粉碎后可以作为黑色颜料，用来绘制洞窟壁画。

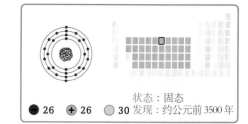

26
Fe 铁（tiě）

状态：固态
● 26　⊕ 26　○ 30　发现：约公元前 3500 年

过渡金属元素

形态

黄铁矿

立方体晶体

这种矿物是铁和硫的化合物

菠菜叶不仅可以为人体提供铁元素，还可提供其他重要的元素，比如钾、钙和锰

菠菜

纯铁是一种柔韧性较低的金属，很容易被砸碎

铁陨石

实心铁块

铁是地球上最常见的金属之一。

人体中几乎 70% 的铁都在血液中

血液样品

实验室中提纯的块状金属铁

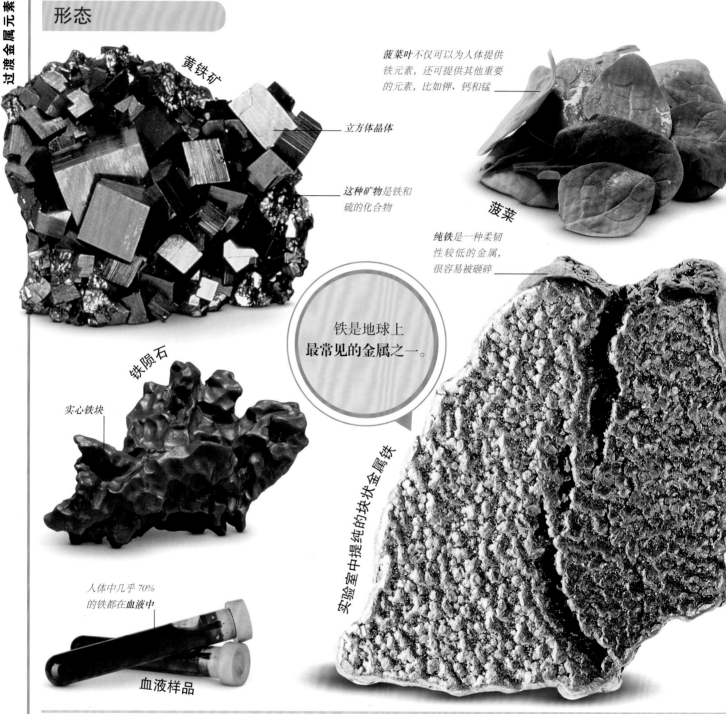

地球上大部分的铁都存在于熔融状态的高温地核中。 这种元素广泛分布于世界各地的岩石中。每年大约有 25 亿吨的铁被提炼出来。**黄铁矿**是一种富含铁的矿物。赤铁矿等一些矿物通过冶炼可以提炼出生铁。来自外太空的岩石撞击地球，形成了陨石。其中的**铁陨石**是自然界金属铁的稀有来源之一。人体用铁来形成血红蛋白。血红蛋白是血液中可以携带氧气的一种物质，而氧有助于细胞产生能量，维持人体各项机能的正常

应用

螺母和螺栓

这种紧固件由坚硬的钢制成

克莱斯勒大厦，纽约，美国

这种钢制车身不易生锈

拖拉机

钢丝球

细钢丝用来清洁坚硬的表面

这些高塔结构由坚固的钢架组成

不锈钢在一定程度上可以抵抗风雨的侵蚀

铸铁锅

镰刀刀刃中含有铁，因此，它比其他合金或者金属制成的刀刃能保持更长时间的锋利

镰刀

这种铁锅在烹饪时保温性更好

输电线路塔

这些细小的纯铁颗粒具有磁性，都被吸附到磁铁的一端

铁屑和磁铁

炼铁

1. 将铁矿石和焦炭倒入炉子中。

2. 热空气从风口吹入，以提高炉内的温度。

3. 杂质漂浮于铁水之上，随后被排出去。

4. 铁水沉于底部，然后被放出。

炼铁过程是将铁从含铁矿物中提炼出来。在高温条件下，铁矿石与焦炭中的碳发生反应。混合物燃烧时，碳与铁矿石中的氧结合，从而还原出铁。

运转。食物中也含有铁，富含铁的食物包括肉类和绿色蔬菜（例如**菠菜**）。金属铁与空气和水接触时，其表面会形成一层被称为铁锈的红褐色薄层，使铁制品变脆。为了使纯铁更加结实耐用，可以在其中加入微量

的碳和其他金属，比如镍和钛。这样就形成了一种叫作钢的合金，可用来制作螺栓和结实耐用的**拖拉机**机身。将铬加入到钢中可形成一种更加结实耐用的合金，称为不锈钢。

过渡金属元素

61

炼钢

滚烫的白色液态金属从炼钢车间的炉子中倾泻而出。这是铁矿石转变为钢的多个步骤中的最后一步。钢是一种强韧的合金，可以作为支撑摩天大楼或桥梁的金属结构材料。钢可以浇铸成车体，编成超强的电梯缆绳，或者制成可以支撑磁悬浮列车的强磁体。

钢是一种由铁和大约2%的碳组成，并含有某些其他元素的合金。碳能将所有原子固定在一起，防止金属破裂。因此钢比纯铁更坚固，但比含碳量更高的铸铁更脆。炼钢时，先在高炉中将生铁熔化，去除其中的杂质。钢中可以加入其他元素，以制成不同种类的钢。例如，加入铬可防止钢生锈，加入锰可使钢更坚硬，加入硅可使钢具有更强的磁性，加入镍可使钢在极低温度下不易断裂。

27 Co 钴（gǔ）

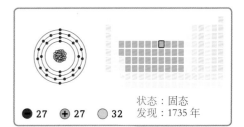

状态：固态
发现：1735 年
● 27 ⊕ 27 ◯ 32

形态

呈独特的桃红色

钴华

实验室中提纯的盘状金属钴

这种闪亮的金属相当坚硬

辉砷钴矿

这些立方体晶体中含有钴的硫化物

这种银色矿物因为含有砷，所以被压碎后闻起来有大蒜味

方钴矿

中世纪德国的矿工经常将钴矿石当作贵金属。当他们试图从方钴矿中提炼钴时，却因释放出的砷气体而生病。钴的英文名称"cobalt"来源于德文"kobald"，意为"妖魔"，钴正是因这种讨厌的副作用而得名。金属钴很坚硬，且具有金属光泽，添加到钢或者其他合金中可以提高金属的坚硬度。含有钴的合金可用于制作喷气式涡轮发动机的风扇扇叶及髋关节和膝关节等人造关节。钴是少数几种可以用于制作**永久磁体**的金

应用

人造髋关节

人造关节的这部分嵌到人体的髋关节上

坚硬且质轻的人造关节可由钴铬合金制成

由钴合金制成的风扇**扇叶**在高温环境下也能保持坚硬

喷气式发动机的涡轮

永久磁体

这种磁体在高达800℃的温度下也具有磁性

从公元前**3000年**起，人们就已经开始使用钴蓝颜料了。

蒂芙尼台灯

这种蓝色的玻璃由含钴的化合物制成

这种浓烈的色彩不会随着时间的流逝或者因为在阳光下曝晒而轻易褪色

钴蓝颜料

制造同位素

钴 -60 是钴的一种同位素。它是在核反应过程中产生的。因为它具有放射性，所以可用于某些癌症的治疗。

向钴 -59 发射 1 个中子

添加的中子

钴-59是有32个中子的稳定原子

钴-60是有33个中子的放射性原子

这种标志标明该水果经过放射性钴 -60 灭菌

辐照食品

属。大型的永久磁体由钴、镍和铝组成的坚硬合金制作而成，这种铝镍钴合金也被称为阿尔尼科合金。钴的其中一种放射性同位素是钴 -60，在核反应堆中产生。钴 -60 被广泛应用于加工**辐照食品**中。辐照技术可以用微量的辐射杀死有害的细菌。钴同样也用于制作深蓝色颜料。**钴蓝颜料**和染料是由铝和氧化钴反应而制成的。

28 Ni 镍（niè）

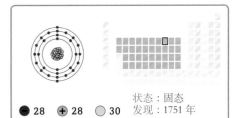

状态：固态
● 28　➕ 28　○ 30　发现：1751 年

形态

硅镁镍矿

因含有镍而呈**绿色**

镍黄铁矿

这种古铜黄色矿物由铁和镍的硫化物组成

红砷镍矿

这种含镍矿石也含有砷元素

实验室中提纯的金属镍球

这些银白色的金属小球微微呈现黄色光泽

镍的英文名称"nickel"是以撒旦（Old Nick）的名字命名的，撒旦是基督教传说中住在地下的恶魔。在 18 世纪，德国矿工把有毒的镍矿石（也就是现在的**红砷镍矿**）误认为铜矿石。但他们没能用这种矿物提炼出铜，因此将其命名为"假铜"（德语 kupfernickel），意为"魔鬼的铜"。镍也存在于其他矿石中，比如**硅镁镍矿**和**镍黄铁矿**。这种元素是最有用的金属之一，应用比较广泛。因为纯镍不会生锈，所以被用来镀在物

应用

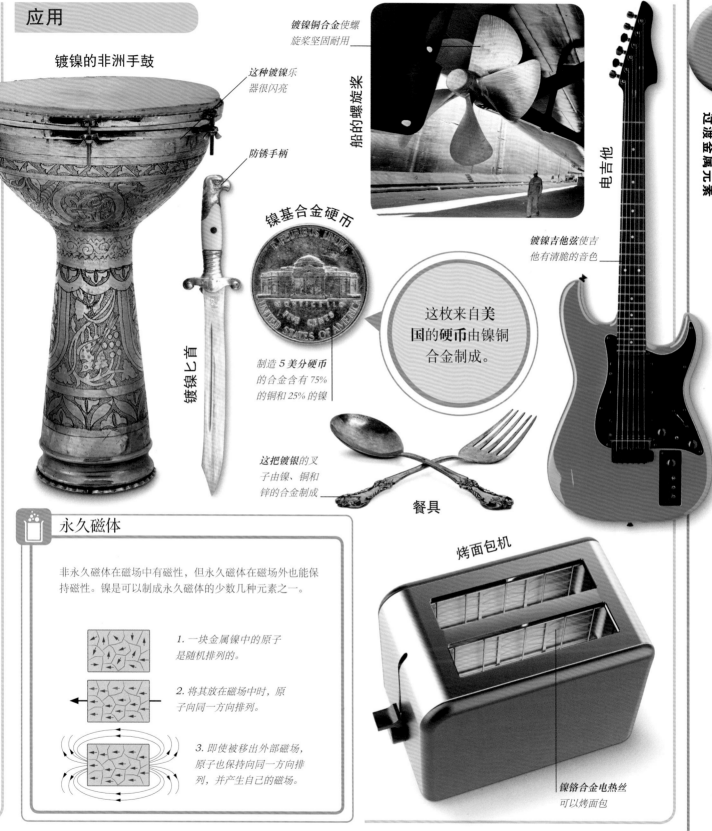

镀镍的非洲手鼓

镀镍铜合金使螺旋桨坚固耐用

这种镀镍乐器很闪亮

防锈手柄

镍基合金硬币

AE PLURIBUS UNUM
MONTICELLO
UNITED STATES OF AMERICA

制造 5 美分硬币的合金含有 75% 的铜和 25% 的镍

这枚来自美国的硬币由镍铜合金制成。

镀镍匕首

这把镀银的叉子由镍、铜和锌的合金制成

餐具

电吉他

镀镍吉他弦使吉他有清脆的音色

永久磁体

非永久磁体在磁场中有磁性，但永久磁体在磁场外也能保持磁性。镍是可以制成永久磁体的少数几种元素之一。

1. 一块金属镍中的原子是随机排列的。

2. 将其放在磁场中时，原子向同一方向排列。

3. 即使被移出外部磁场，原子也保持向同一方向排列，并产生自己的磁场。

烤面包机

镍铬合金电热丝可以烤面包

体表面使其看起来像用银制成的——现在人们仍然用这种方法制造廉价的装饰物。镍也可以与铜混合形成合金，被称为白铜。因为白铜不易被海水腐蚀，因此可以用于电镀**船的螺旋桨**和船上其他金属部件。白铜

还被世界上大多数国家用于制造银色的硬币。镍被用于镀在**电吉他**的弦上。在铬中加入镍可以形成镍铬合金。该合金导热性好，因此被用在**烤面包机**上。

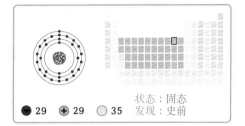

29 Cu 铜 (tóng)

过渡金属元素

形态

褐铁矿上生长的铜

铜的树枝状晶体

孔雀石

在洞穴中常形成羽毛状晶体

这些金黄色的晶体是铁和铜的硫化物

黄铜矿

独特的橙红色

实验室中提纯的金属铜球

矿物与空气中的氧气发生反应时，颜色会变得绚丽多彩

斑铜矿

甲壳动物的血

甲壳动物的血是蓝色的，因为其中含有铜

铜是一种可弯曲的柔软金属，是电和热的良导体。虽然铜元素是少数几种可以在自然界中以游离状态存在的金属元素，但大部分的铜存在于**黄铜矿**等矿物中。有些含铜矿物色彩鲜艳，比如**孔雀石**和**蓝铜矿**。铜是唯一一种纯净形态下颜色发红的金属。金属铜主要用于制造电气设备的电线。给缠绕在铁芯上的铜线通电之后可以得到电磁体。通过开关可以控制电磁体，使它在需要时具有磁性。它比普通磁体的磁力强得多，

应用

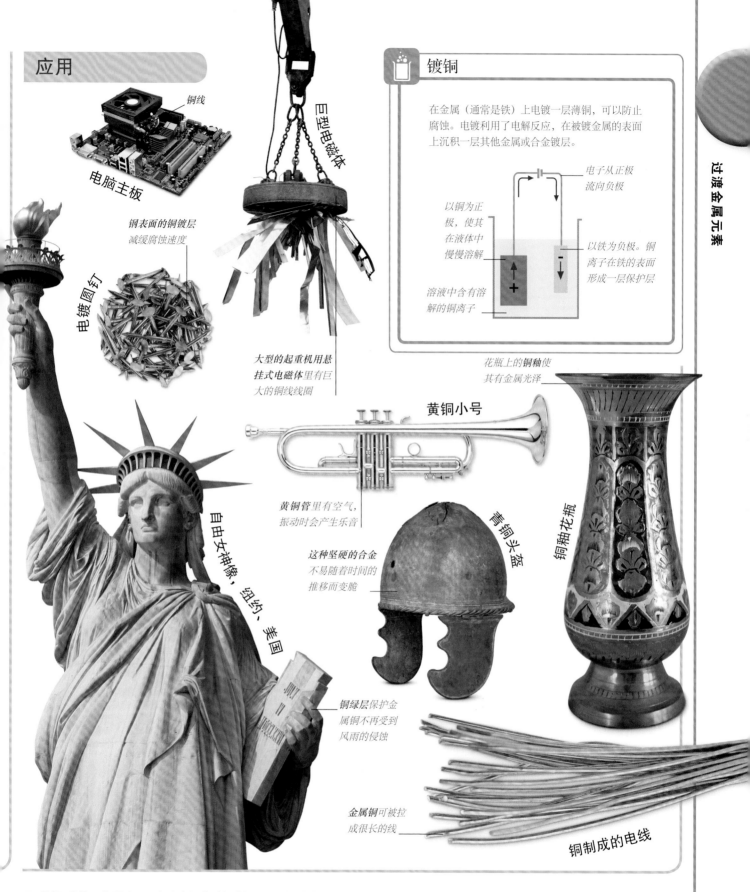

铜线

电脑主板

巨型电磁体

镀铜

在金属（通常是铁）上电镀一层薄铜，可以防止腐蚀。电镀利用了电解反应，在被镀金属的表面上沉积一层其他金属或合金镀层。

电子从正极流向负极

以铜为正极，使其在液体中慢慢溶解

以铁为负极。铜离子在铁的表面形成一层保护层

溶液中含有溶解的铜离子

钢表面的铜镀层减缓腐蚀速度

电镀圆钉

大型的起重机用悬挂式电磁体里有巨大的铜线线圈

花瓶上的铜釉使其有金属光泽

黄铜小号

自由女神像，纽约，美国

黄铜管里有空气，振动时会产生乐音

这种坚硬的合金不易随着时间的推移而变脆

青铜头盔

铜釉花瓶

铜绿层保护金属铜不再受到风雨的侵蚀

金属铜可被拉成很长的线

铜制成的电线

可吸起重物。金属铜不会生锈，但长时间暴露在空气中，会形成一层灰绿色的碱式碳酸铜，被称为铜绿，在**自由女神像**这样的铜雕像上就可以看到。铜通常被用来与其他金属混合制成更坚硬的合金。青铜是铜锡合金，比纯铜耐用，人类使用青铜的历史可追溯到古代。黄铜是一种铜锌合金，用于制作乐器，比如小号。

铜丝

铜丝比人的头发略粗。这些铜丝被拧在一起，编成紧密的一束。这些铜线的主要用途之一是作为包裹粗铜芯的屏蔽层，制成电视信号传送电线。当信号以电流的形式携带图像和声音信息通过电线时，缠绕的铜线层能够阻止附近其他电信号的干扰。

铜是电的良导体，仅次于银。然而，铜的应用更广泛，因为铜的储量更大，提纯的成本也更低。2018年全球精炼铜产量大约有2360万吨，其中一半以上用于制造电子元件，比如这种网状铜线。今天，超过10亿千米的铜线在电力供应系统、建筑和电子设备上默默工作着。这种现在最常见的电器用金属在很久以前就被人们加以利用了。大约7000年前，在现在的伊拉克地区，人们第一次从矿石中大量精炼出来的元素就是铜。今天，美国犹他州的宾厄姆峡谷露天铜矿是世界上最大的铜矿之一。

$^{30}_{}Zn$ 锌（xīn）

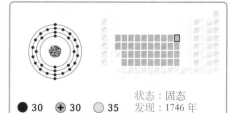

状态：固态
● 30 ＋ 30 ○ 35　发现：1746 年

形态

异极矿

闪锌矿

这种锌矿物的晶体有时呈球粒状

闪锌矿是提取锌的主要来源之一

实验室中提纯的金属锌样品

坚硬闪亮的金属

在 18 世纪德国化学家安德烈亚斯·马格拉夫将锌列为一种新的元素之前，印度和中国使用锌的历史已有数百年。锌是重要的过渡金属元素，虽然在自然界中还未发现游离状态的锌，但锌在许多矿物中都存在。矿物闪锌矿含有硫化锌，是提取锌的主要来源之一。另一个重要矿物是异极矿，其中含有锌和硅。锌是我们饮食中必不可少的元素。我们可以从奶酪和葵花子等食物中摄取锌。锌化合物的应用很广泛。例如，氧化

超新星

锌原子在超新星（爆炸的巨星）内部形成，除此之外还有其他许多元素

菱锌矿

这种矿物含有碳酸锌

菱锌矿是**由史密森学会**的创始人詹姆斯·史密森发现的。

红锌矿

氧化锌晶体通常是无色的

医用胶带

含有氧化锌的医用胶带可防止伤口感染细菌

钢材桥上的镀锌层防止大桥生锈

明石海峡大桥，神户，日本

一美分硬币

锌硬币表面镀铜

这种润肤乳的主要成分是两种锌化合物

橡胶靴

通过添加氧化锌使橡胶变得更结实

炉甘石洗剂

镀锌钢

通过镀锌可以使钢不易被腐蚀。钢和纯锌之间形成层层铁锌合金的过程叫作镀锌。

- 锌
- 94% 的锌和 6% 的铁
- 90% 的锌和 10% 的铁
- 钢是铁和碳的合金

锌这种锌和氧的化合物可以用于制造**医用胶带**和防晒霜。氧化锌还可用来增加橡胶的韧性，这种橡胶可制成**橡胶靴**和轮胎。硫化锌是锌和硫的一种化合物，用于制造某些能在黑暗中发光的涂料。锌暴露于空气中时，与氧反应形成氧化物保护层。这种保护层可防止镀锌的物体（比如桥梁）被腐蚀。

39 Y 钇（yǐ）

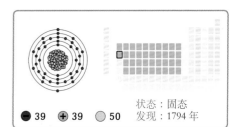

状态：固态
发现：1794 年

● 39　✚ 39　◯ 50

形态

磷钇矿

这种矿物含有痕量的放射性铀

这种银灰色金属
不易被腐蚀

实验室中提纯的
金属钇样品

钇在
地壳中的含量比银
多**400倍**。

月球岩石

这块岩石由美国国家航空航天局的
"阿波罗" 16 号飞船带回地球

甘蓝

这种蔬菜中
含有钇元素

独居石

这种红棕色矿物中
含有约 2% 的钇

对美国国家航空航天局的 "阿波罗" 飞船从月球带回的岩石的研究表明，月球岩石中钇的含量比地球岩石高。自然界中不存在游离状态的钇，但在许多矿物中都发现了痕量的钇，包括**磷钇矿**和**独居石**。钇是在 1794 年由芬兰化学家约翰·加多林在一种氧化物的混合物中发现的，但直到 1828 年人们才将钇从中分离出来。钇元素也存在于植物中，包括**甘蓝**和木本植物的种子。**LED 灯**中含有的钇可以将蓝光转换成其他颜

应用

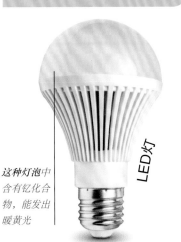

这种灯泡中含有钇化合物，能发出暖黄光

LED灯

激光器

这种激光器上有含有钇和硅的晶体作为工作物质，可切割金属

弗里德里希·沃勒

1828 年，德国化学家弗里德里希·沃勒成为第一个将钇提纯的人。他从氯化钇中提取出了钇。他也是第一个从铍矿石和钛矿石中分别提取出铍和钛的人。

过渡金属元素

这种钇的放射性同位素可用于治疗癌症

Y-90

防震镜头由含钇玻璃制成，因此更加坚固

数字照相机镜头

含钇汽灯纱罩

这种汽灯纱罩能把炽热的火焰罩在里面

美国国家航空航天局的宇宙飞船使用钇激光器对**小行星的表面**进行测绘。

一块小磁体悬浮于超导体之上

这个超导体产生磁场，与上面的磁体相互排斥

钇系超导体

色。许多**激光器**使用人造钇铝石榴石作为工作物质，石榴石是一种富含硅的晶体。强大的钇激光被用于治疗某些皮肤感染，也被牙医用于牙科手术。该元素的一种放射性同位素能被用于治疗癌症。在制作**数字照**

相机镜头的玻璃中加入钇可使玻璃更加坚固。钇化合物也被用于制作超导体——一种冷却到极低温度时易导电的材料。

75

40 Zr 锆 (gào)

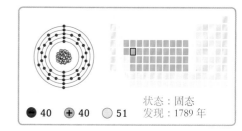

状态：固态
发现：1789 年

● 40　+ 40　○ 51

形态

这种深棕色来源于晶体中的铁杂质

锆石晶体

灰白色的金属锆易塑形

实验室中提纯的金属锆棒

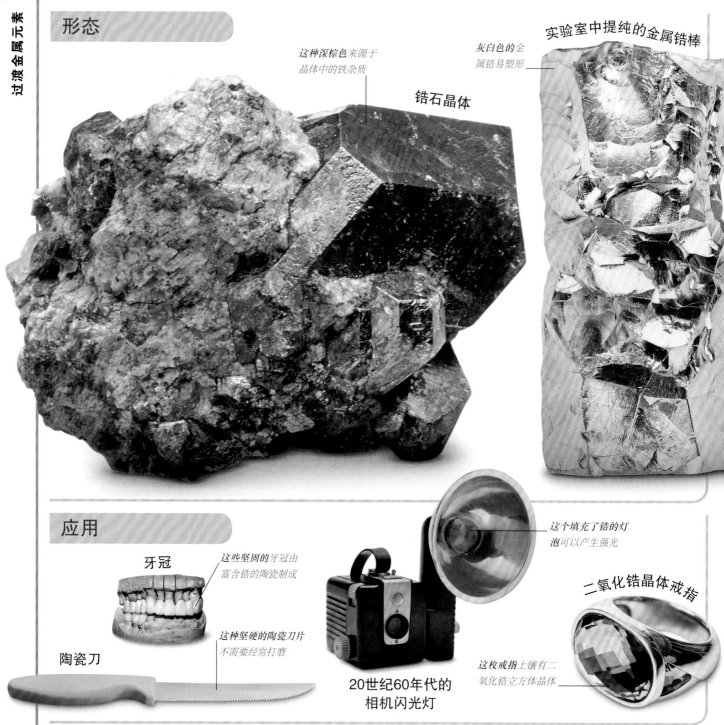

应用

牙冠

这些坚固的牙冠由富含锆的陶瓷制成

这种坚硬的陶瓷刀片不需要经常打磨

陶瓷刀

20世纪60年代的相机闪光灯

这个填充了锆的灯泡可以产生强光

二氧化锆晶体戒指

这枚戒指上镶有二氧化锆立方体晶体

这种元素的英文名称"zirconium"以矿物锆石的英文名称"zircon"命名，在波斯语中意为"金色的"，来源于其金棕色的晶体。瑞典化学家雅各布·贝采利乌斯在 1824 年成功分离出金属锆。该元素如今主要以二氧化锆（或称氧化锆）的形式在生活中应用。加热粉末状的二氧化锆可以制出一种坚硬的玻璃陶瓷，用于制造牙冠和锋利的陶瓷刀。粉末状的二氧化锆也可形成像钻石一样闪闪发光的二氧化锆晶体。

41
Nb 铌（ní）

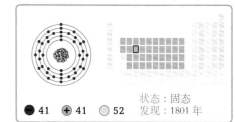

状态：固态
发现：1801 年

● 41　⊕ 41　○ 52

形态

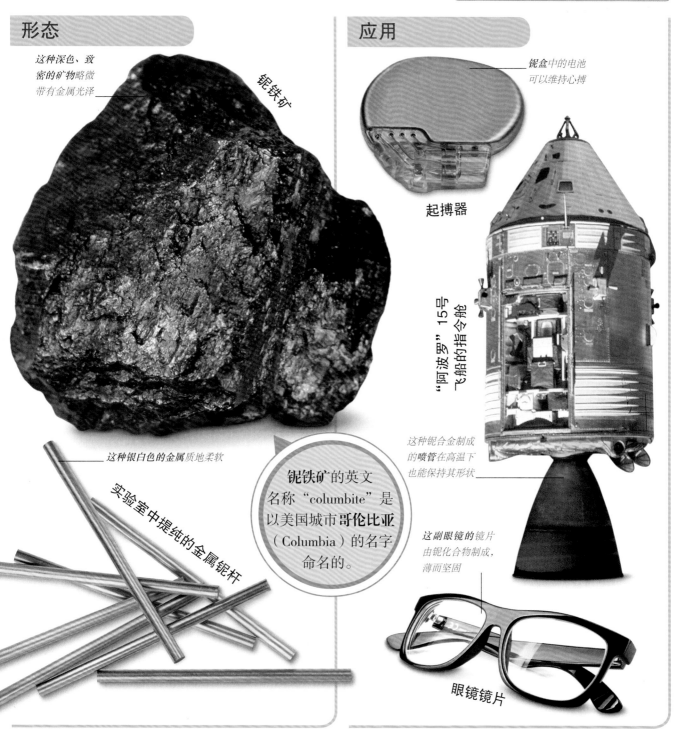

这种深色、致密的矿物略微带有金属光泽

铌铁矿

这种银白色的金属质地柔软

实验室中提纯的金属铌杆

铌铁矿的英文名称 "columbite" 是以美国城市 哥伦比亚（Columbia）的名字命名的。

应用

铌盒中的电池可以维持心搏

起搏器

"阿波罗" 15 号飞船的指令舱

这种铌合金制成的喷管在高温下也能保持其形状

这副眼镜的镜片由铌化合物制成，薄而坚固

眼镜镜片

铌和钽的性质非常相似，在大约 40 年里，这两种金属都被误认为是同一种元素。矿物铌铁矿是提取这种闪亮金属的主要来源。自然界中不存在游离状态的铌。制得的金属铌有很多用途。因为该元素不与人体发生有毒反应，所以它可以用来制造起搏器等植入物。铌遇热不膨胀，所以被用来制造火箭，例如在美国国家航空航天局 1971 年发射的 "阿波罗" 15 号飞船的指令舱上就用铌合金制成的零部件。

42 Mo 钼（mù）

形态

这种矿物摸起来手感滑腻

金属钼呈银灰色，熔点很高，为2623℃

辉钼矿

实验室中提纯的金属钼块

应用

这种润滑油中含有辉钼矿细粉和油，能保护高速运转中的汽车发动机的机械部件

这种轻巧而坚固的车架由含钼和铬的钢制成

这些契合的部件很坚硬，不易损坏

润滑油

铬钼钢自行车

棘轮扳手套装

钼的英文名称"molybdenum"来源于希腊单词"molybdos"，意为"铅"。矿工曾把辉钼矿（一种含有钼的深色矿物）误认为是铅矿物。钼比铅硬得多，因此这两种元素的金属单质比较容易区分。辉钼矿摸起来手感柔软滑腻，是主要的钼矿物。金属钼主要用于制造抗腐蚀合金。这些合金的质量较轻，因此是制造自行车车架的理想材料，而它们的强度也足以用于制造坚固耐用的工具。钼合金已被用于制造新型超级

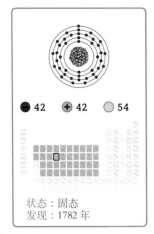

● 42 　⊕ 42 　○ 54

状态：固态
发现：1782 年

这辆实验性跑车由含钼
的抗腐蚀合金制造而成

文塞勒芒跑车

跑车，比如**文塞勒芒跑车**。

43 Tc 锝（dé）

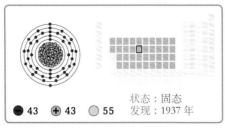

● 43 　⊕ 43 　○ 55

状态：固态
发现：1937 年

金属锝产生于
核反应堆内部

反应堆中产生的纯锝箔

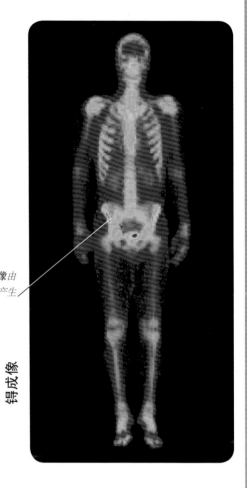

这幅身体扫描成像由
锝的放射性效果产生

锝成像

这个盒子里装有放射性钼。钼可衰变产生锝

合成锝

锝是第一个人工合成的元素。它的英文名称"technetium"来源于希腊单词"tekhnetos"，意为"人造的"。自然界中不存在锝元素，因为地球上曾经存在的所有锝原子在数百万年前就已衰变。早期核反应堆产生的废料中发现了少量的锝。它是最轻的放射性元素，被广泛应用于医学成像。在病人体内注射含锝的试剂，使锝短时间释放辐射，一些机器探测到这种辐射就可以清楚地显示骨骼的图像。

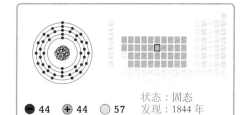

44 Ru 钌 (liǎo)

状态：固态
发现：1844 年

● 44 ⊕ 44 ○ 57

形态

镍黄铁矿

这些晶体呈明亮的银色

这种黄褐色的矿物常深埋于地下

实验室中提纯的金属钌样品

应用

电路板

这个元件中含有二氧化钌

开关

开关中的合金部分因加入了钌而变得更加坚固

这些低成本的太阳能电池板含有钌基化合物

瑞士科技会展中心，瑞士

钌的英文名称"ruthenium"来源于拉丁文单词"ruthenia"（俄罗斯的拉丁文旧称）。这种稀有金属发现于**镍黄铁矿**中，镍黄铁矿也是提取金属钌的主要矿物。化合物二氧化钌可以用于制成电路中的元件，包括计算机和其他数字设备上使用的电阻和芯片。在铂和钯等质软金属中加入少量钌可以使合金变得坚硬，像**开关**这样的活动零件受益于此属性。

45
Rh
铑 (lǎo)

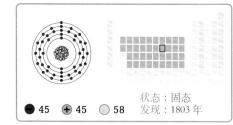

状态：固态
● 45　⊕ 45　○ 58　发现：1803 年

形态

实验室中提纯的金属铑球

金属铑呈闪亮的银色

这种金黄色的矿物因其针状晶体而得名

针镍矿

应用

汽车前照灯反射镜

镀铑首饰

铑合金反射镜
使灯光更亮

镀铑显微镜

这种显微镜的零件上镀有铑，因此可以抗腐蚀

镀铑可以防止珠宝失去光泽

使熔融的玻璃液从带有喷嘴的铂铑合金容器中流出，从而制成这些玻璃纤维

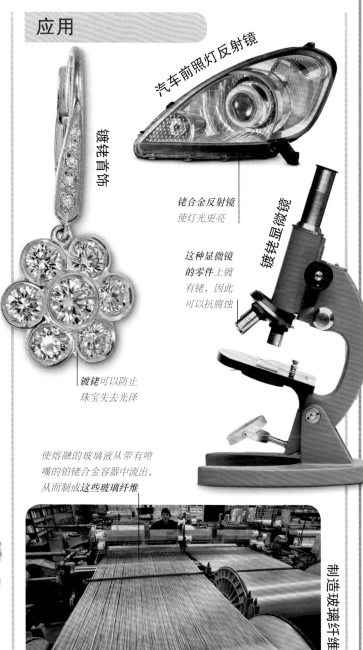

制造玻璃纤维

铑的英文名称"rhodium"得名于它的一种玫瑰红色化合物。它来源于希腊单词"rhodon"，意为"玫瑰"。铑的化学性质不活泼，不易形成化合物。它是一种稀有金属。大多数金属铑是在开采铂时提取的。金属铑质地坚硬，可以用来使珍贵的首饰、镜子和包括显微镜在内的光学设备变得更加坚固。铑主要用于生产汽车的催化转化器。玻璃纤维（通常用于制造保护装备，比如头盔）中也含有铑。

46 Pd 钯 (bǎ)

状态：固态
● 46 ⊕ 46 ○ 60
发现：1803 年

形态

矿石中含有高度富集的钯

钯能吸收**氢气**，就像海绵吸水一样。

南非的钯矿

可从铜和镍等其他金属的矿石中将钯分离出来，得到**金属钯**

实验室中提纯的金属钯球

应用

更多污染物进入排气装置之后，转换器变热

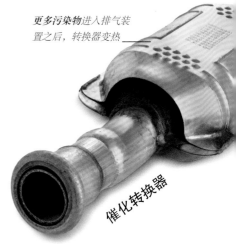

催化转换器

该装置使用了钯化合物，探测到有毒的一氧化碳时，化合物的颜色会发生变化，从而触发警报

一氧化碳监测仪

这枚纪念币由美国蒙大拿州斯蒂尔沃特矿业公司生产的钯制成

钯制成的纪念币

钯是一种稀有贵金属，比银稀有 10 倍，比金稀有 2 倍。钯与金、银相似的是，表面很闪亮，不易被腐蚀。自然界中既存在游离状态的钯，也存在一些钯矿物，比如硫镍钯铂矿。钯可以应用在很多方面，主要用途是制造**催化转换器**，这种装置能降低汽车排放的有毒废气的毒性，减小对环境造成的危害。化合物氯化钯用于制造**一氧化碳监测仪**。因为钯很珍贵，所以一些国家用它来制作纪念币。在钢中加入钯可使其更耐腐蚀。

催化转换器

许多汽车的发动机连接着催化转换器。这一重要设备将有毒的废气转化为危害较小的污染物。钯在这个净化过程中起着关键作用。

2. 钯网中发生化学反应，减少有害污染物。

1. 废气进入转换器。

3. 危害较小的气体从排气管排出。

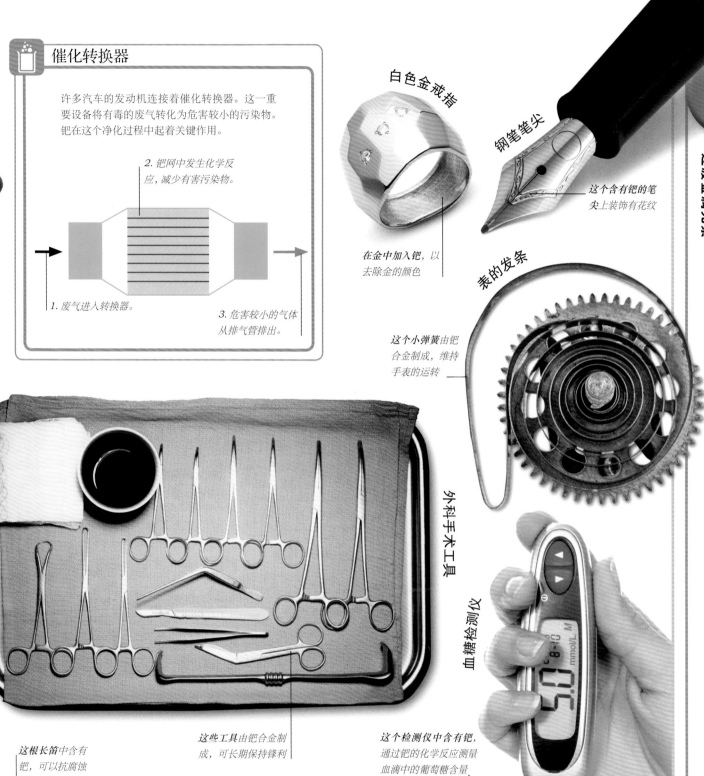

白色金戒指

钢笔笔尖

这个含有钯的笔尖上装饰有花纹

在金中加入钯，以去除金的颜色

表的发条

这个小弹簧由钯合金制成，维持手表的运转

外科手术工具

血糖检测仪

这些工具由钯合金制成，可长期保持锋利

这个检测仪中含有钯，通过钯的化学反应测量血滴中的葡萄糖含量

这根长笛中含有钯，可以抗腐蚀

管弦乐长笛

钯合金可用于制造**外科手术工具**和昂贵的乐器，比如长笛。人们常将钯与金混合制成一种叫作白色金的合金，用来制作首饰。一些**钢笔笔尖**中也含有钯。该元素也用在血糖检测仪上，这种仪器可以测量出患者的血糖水平。

47
Ag 银（yín）

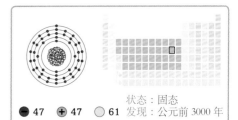

状态：固态
● 47　＋ 47　○ 61　发现：公元前 3000 年

形态

浓红银矿

角银矿

这种矿物的颜色在
亮光下会变成紫色

光亮的表面与含硫的
空气接触会失去光泽

1克的
银可以被拉成
2千米长的
银丝。

银块

这些不透明
的大晶体有
金刚光泽

辉银矿

黑色硫化银形成
扭曲的晶体

银的元素符号"Ag"来自拉丁文"argentum"，意为"发光的"或"白色的"。银呈闪亮的灰色，不易被腐蚀，如果定期清洁就不会失去光泽，因此人们把银当作一种贵金属。自然界中存在游离状态的银，但大部分的银是从银矿石中开采出来的，比如**浓红银矿**和**辉银矿**。因为银的价值较高，且有较好的可塑性，所以历史上用纯银制造硬币。这种金属也是制作手链和镶嵌宝石的底托的理想材料。有些人甚至用锤制的银箔

应用

人工增雨

云对地球至关重要，特别是对作物的健康生长起到重要的作用。需要降雨时，人们可以用碘化银粉末使水滴凝结起来，人工形成降雨云。

1. 飞机播撒碘化银粉末。

2. 冰和水滴产生云。

3. 云中的水滴变得足够重时就会产生降雨。

某些电路板元件上有镀银层

银币

电路板

柔软的银易被压成硬币

抛光后的表面有浅色的金属光泽

食用银箔

古董银匙

纯银经过模铸成型和切割后形成不同形状

银手链

这些银箔可以食用

硝酸银与水混合可用于给伤口消毒

SILVER NITRATE (V) AgNO₃

摄影底片

加入了氯化银的玻璃在阳光照射下变成褐色

变色眼镜

硝酸银溶液

溴化银遇光迅速变暗，形成图像

装饰食物。在不锈钢被发明出来之前，银匙和银叉是仅有的放到嘴里不会产生令人讨厌的金属味道的餐具。银的导电性比铜好，因此被用在某些电路板上。**硝酸银**（一种银、氮和氧的化合物）**溶液**是一种温和的消毒剂，用于制造某些抗菌肥皂。银与氯形成的光敏性化合物可用于制造太阳镜，而银和溴形成的光敏性化合物可以用于制造曾经使用的**摄影底片**。

48 Cd 镉（gé）

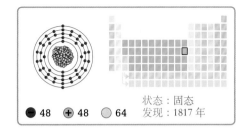

状态：固态
● 48　＋ 48　○ 64
发现：1817 年

形态

这种矿物中含有硫化镉（一种由镉和硫组成的化合物）

这种质软的金属略微有蓝色光泽

实验室中提纯的金属镉颗粒

硫镉矿

这种锌矿物的**黄色**来自于其中含有的镉杂质

菱锌矿

应用

镉镍电池

在这种可充电电池中由**镉和镍**层产生电能

这种深红色的颜料中有氧化镉粉末

含镉的红色颜料

电路中使用的这种**电子元件**含有镉和硫的化合物

光敏电阻

镀镉螺丝不易生锈

镀镉螺丝

在镉激光器产生的紫外光下观察**研究**样本

荧光显微镜

镉是一种毒性很强的金属，可以致癌。这种稀有元素存在于**硫镉矿**中，但大部分镉是提取锌时的副产品。1817 年，镉在不纯的碳酸锌中被发现。现在，该金属主要与镍一起用于制造可充电电池。化合物氧化镉曾用于制造红色颜料，但因其具有毒性，现已不再使用。镉还被用在显微镜上，用来发出激光。

72 Hf 铪（hā）

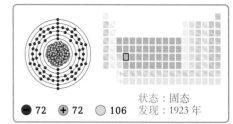

状态：固态
发现：1923 年

● 72　＋ 72　○ 106

形态

锆石晶体

铪占锆石晶体质量的 4%

最古老的锆石晶体已存在了**40亿年**。

实验室中的金属铪样品

纯铪在空气中耐腐蚀

应用

切割机的这个部件由铪制成

金属切割机

芯片上的这种小电子元件中含有铪

微芯片

铪的英文名称"hafnium"以丹麦城市哥本哈根的拉丁文名称"Hafnia"命名。在很长一段时间里，人们没有区分出铪和锆，因为这两种元素同时存在于锆石矿物中，而且它们的原子大小相似。铪用于制造**金属切**割机的部件，这种切割机可以切断金属，产生滚烫的火花。铪也用于制造**微芯片**上直径只有几百万分之一毫米的小型电子元件。

73 Ta 钽 (tǎn)

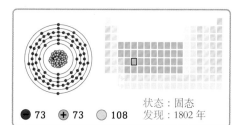

状态：固态
发现：1802 年

● 73　✚ 73　○ 108

形态

这种矿物的表面呈黑色、蜡质

这些黄色晶体是钽锑矿

钽铁矿

常温下，**金属钽**几乎不与空气发生反应，因此能保持光亮

实验室中提纯的金属钽棒

应用

人造关节

这个髋关节植入物外面包裹的**钽壳**轻巧灵活

钽制成的电容器（如手机中使用的电容器）可在小型电路中储存大量电荷

电子电容器

金属手表

这个手表的表壳和表带由钽、金、铜合金制成

钽是一种坚硬的金属，它的英文名称"tantalum"以古希腊神话中受到惩罚的坦塔洛斯（Tantalus）的名字命名。钽可以从**钽铁矿**这种稀有矿物中提取出来。这种坚硬的金属对人体无害，因此人们用它来制造人造关节和其他身体植入物。钽粉可用于制造电容器——一种在电路中储存电的装置。这种金属可与柔软的贵金属形成合金，制成手表。钽还可用于制造坚固的、不易被腐蚀的涡轮风扇扇叶。

74 W 钨（wū）

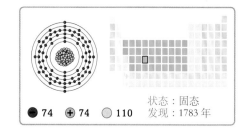

状态：固态
发现：1783 年
● 74　⊕ 74　○ 110

形态

这种有金属光泽的黑色矿物中含有钨和铁

钨铁矿

这种矿物是提取金属钨的主要来源之一

黑钨矿

钨是一种坚硬的灰色金属

实验室中提纯的金属钨圆柱

应用

钻头

这种钻头上涂有一层碳化钨，可防止钻头损坏

350年前，中国的瓷器中使用了含钨颜料。

灯泡

因为钨丝不节能，所以不再流行

因为□□无毒，所以□□制成的沉子比□沉子更好

沉子

钨是所有金属中熔点最高的：超过 3422℃它才会变成液态。钨的密度很大，它的英文名称 "tungsten" 来源于瑞典语单词 "tungsten"，意为 "沉重的石头"。金属钨通常从**黑钨矿**中获得。一种被称为碳化钨的化合物可用于制造**钻头**等□具，使它们更加坚固。钨的高熔点使其可用来制成**灯泡**的灯丝。钨也可以用来作为配重，比如可以制成和鱼饵一起使用的**沉子**。

75
Re 铼（lái）

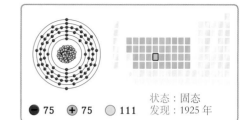

状态：固态
● 75 ＋ 75 ○ 111
发现：1925 年

形态

辉钼矿

这种矿石中含有钼和少量的铼

实验室中提纯的金属铼球

铼的密度比金大

应用

X射线管

管中有铼合金靶面，高速电子撞击它时产生 X 射线

铼是所有元素中沸点最高的。

F/A-22 "猛禽" 战斗/攻击机

这架飞机的喷气式发动机中含有耐热的铼合金

铼在自然界中很稀有：地壳中每 10 亿个原子中只有 1 个是铼原子。铼元素于 1925 年在德国被发现，它的英文名称"rhenium"来源于拉丁文单词"Rhenus"，意为"莱茵河"。它是最后一个被发现的稳定的非放射性元素。

铼的熔点很高，在很高的温度下也能保持固态。因此，用它制成的合金可在高温环境下使用，例如 X 射线管内的金属，还有火箭尾喷管和战斗机的喷气式发动机上使用的金属。

76 Os 锇（é）

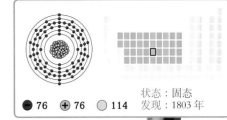

状态：固态
发现：1803 年
● 76　＋ 76　○ 114

形态

锇铱砂

这是锇和铱的天然合金

金属锇坚硬但易碎

实验室中提纯的金属锇球

应用

透射式电子显微镜图像

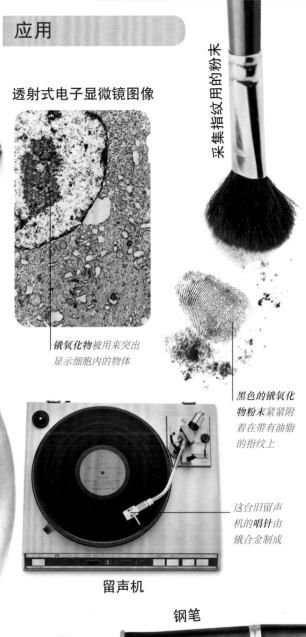

锇氧化物被用来突出显示细胞内的物体

采集指纹用的粉末

黑色的锇氧化物粉末紧紧附着在带有油脂的指纹上

这台旧留声机的唱针由锇合金制成

留声机

钢笔

这支笔的笔尖书写顺畅是由于它由坚硬的锇合金制成

锇是天然存在的所有元素中密度最大的：250 毫升的液态锇重达 5.5 千克。这种稀有元素存在于锇铱矿中。金属锇与空气中的氧反应会生成有毒的氧化物，因此将该金属与其他元素或合金结合在一起使用才安全。

一种红色的锇氧化物可使细胞内部结构在显微镜下清晰可见，而黑色的锇氧化物粉末则可用来在犯罪调查中使指纹显示出来。坚硬的锇合金用于制造**钢笔**笔尖。

77
Ir 铱（yī）

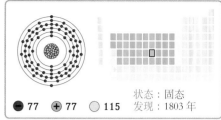

状态：固态
发现：1803 年

● 77　＋ 77　○ 115

形态

金属铱晶体

铱的密度是水的 22 倍

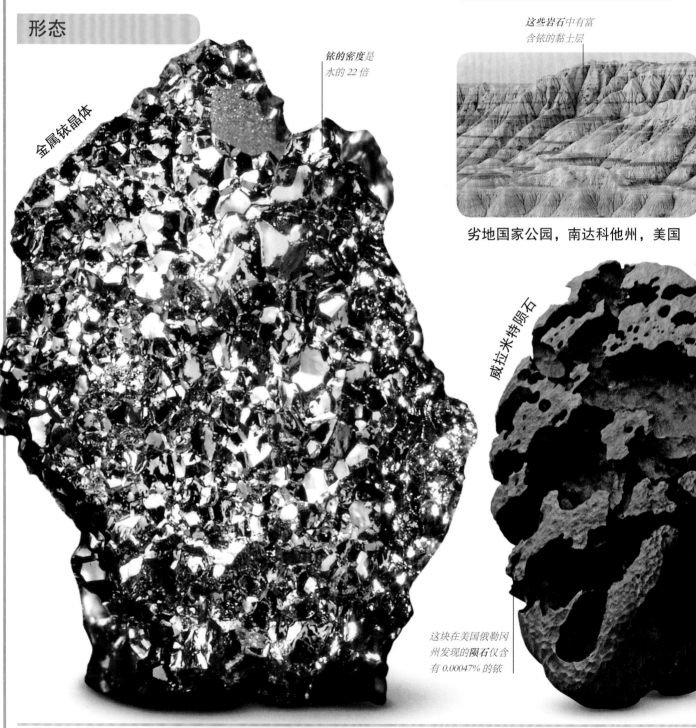

这些岩石中有富含铱的黏土层

劣地国家公园，南达科他州，美国

威拉米特陨石

这块在美国俄勒冈州发现的陨石仅含有 0.00047% 的铱

铱在地壳中很稀有：在地球岩石中，每 10 亿个原子中只有 1 个铱原子。这种致密金属在自然界中存在游离状态的形式，分散在包含镍和铜的常见矿物中，或者存在于陨石和其他太空岩石中。人们在世界各地的地壳中都发现了富含铱的黏土层，著名发现地有美国南达科他州的劣地国家公园。科学家们相信，地球上少量的铱是由 6600 万年前陨石撞击地球的大爆炸中产生的灰尘沉积而成的。铱被用来制造美国国家航空航

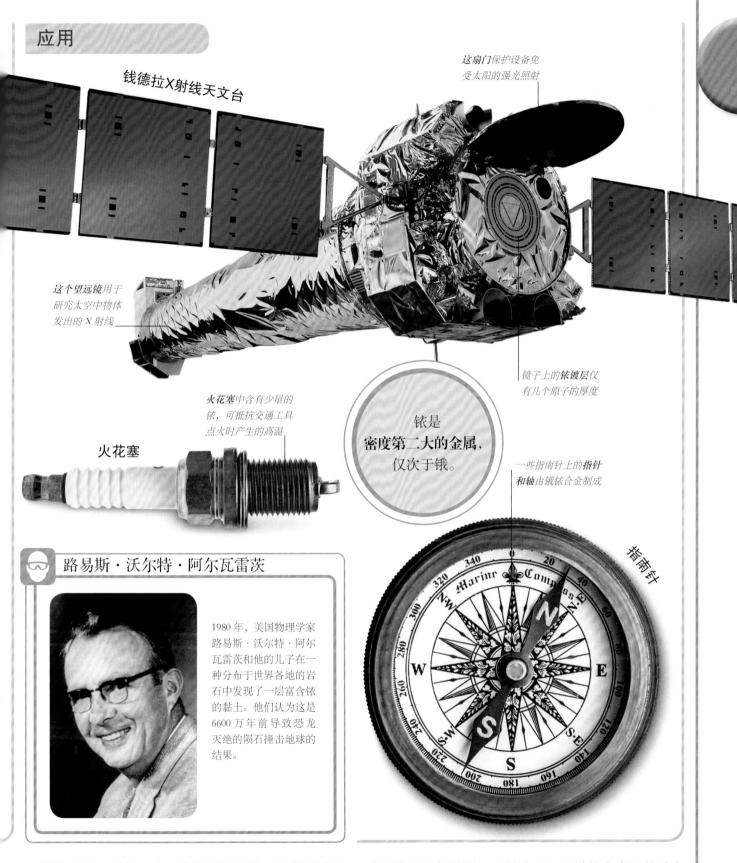

钱德拉X射线天文台

这扇门保护设备免受太阳的强光照射

这个望远镜用于研究太空中物体发出的 X 射线

镜子上的**铱镀层**仅有几个原子的厚度

火花塞中含有少量的铱，可抵抗交通工具点火时产生的高温

火花塞

铱是**密度第二大的金属，**仅次于锇。

一些指南针上的**指针**和轴由锇铱合金制成

指南针

路易斯·沃尔特·阿尔瓦雷茨

1980 年，美国物理学家路易斯·沃尔特·阿尔瓦雷茨和他的儿子在一种分布于世界各地的岩石中发现了一层富含铱的黏土。他们认为这是6600 万年前导致恐龙灭绝的陨石撞击地球的结果。

天局**钱德拉 X 射线天文台**的望远镜镜片，这种地球轨道望远镜以可用来研究遥远恒星发出的 X 射线。铱比铂和铜更耐用，因此比这些金属更适合用来制造**火花塞**。铱也可以与锇结合形成锇铱合金,用于制造**指南针**。

在制造某些钢笔时，在笔尖中加入锇铱合金可使其变得更加坚硬。

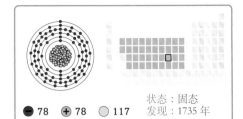

78 Pt 铂（bó）

过渡金属元素

状态：固态
发现：1735 年

●78 ＋78 ○117

形态

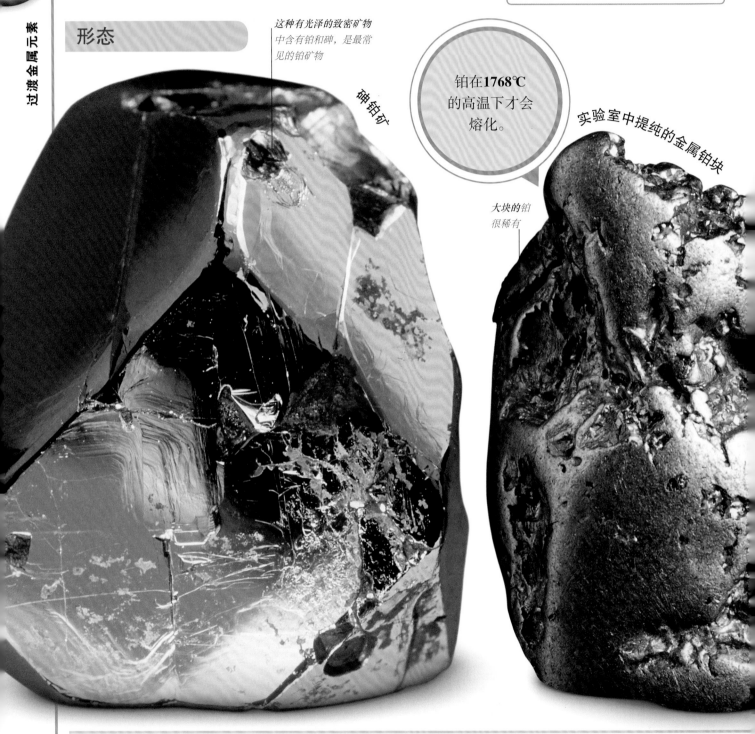

这种有光泽的致密矿物中含有铂和砷，是最常见的铂矿物

砷铂矿

铂在 **1768℃** 的高温下才会熔化。

实验室中提纯的金属铂块

大块的铂很稀有

18 世纪，西班牙探险家在南美洲的矿山中首次发现了铂。他们得到了一种发白的物质，当地人称之为 "platina"，意为 "银"。这种贵金属有银白色光泽。铂即使在高温下也几乎不与其他元素反应，因此它很难从**砷铂矿**等铂矿中被提炼出来。金属铂不易被腐蚀，也不易变色。但它也不易被塑形，因此铂只能用来制作简单的首饰和手表。直到 20 世纪，人们才发现铂可以被应用到更多领域。铂可以代替银洗印照片，也可

94

应用

铂金手表

铂电阻温度计

这个温度计通过测量流过细铂丝的电流显示温度

用铂显影的照片比用银显影的色调范围更广

黑白影印

这块昂贵的手表用珍贵的金属铂制成

铂金戒指

铂金首饰不易失去光泽

安东尼奥·德·乌略亚

南美洲西海岸的人们使用铂制作首饰的历史已超过 2000 年。西班牙海军军官安东尼奥第一次重点研究了这种元素。1735 年，他在南美洲探险时在河砂中发现了铂颗粒，并将其带回西班牙进行研究。

旧时的**牙科充填材料**中含有铂和汞

牙冠

这种药物中含有铂，可杀死人体内的癌细胞

治疗癌症的药物

Cisplatin
1 mg/ml
concentrate for
solution for infusion
50 50
ml
Intravenous
1 mg/ml (50 ml + 50 ml)
For single use only

这种由铂制成的支架对身体没有伤害，能在受损血管愈合时起到固定血管的作用

这个燃料电池中含有铂，铂可加快氢和氧的反应速率

燃料电池

血管内支架

人们在**公元前7世纪**的古埃及棺材中发现了铂。

代替金制作牙科充填材料。如今，铂在许多技术中都起到了重要作用。例如，它被用于制造**燃料电池**——通过氢和氧发生反应产生电能的装置。这些电池不像其他电池那样需要充电。一些非常有效的**治疗癌症的药物**中也添加了铂。金属铂制成的支架有助于受损血管的愈合。

过渡金属元素

79 Au 金 (jīn)

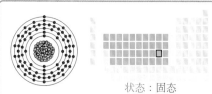

状态：固态
发现：约公元前 3000 年

形态

金的元素符号"**Au**"来源于**拉丁文单**词"aurum"，意为"光辉的黎明"。

碲金矿

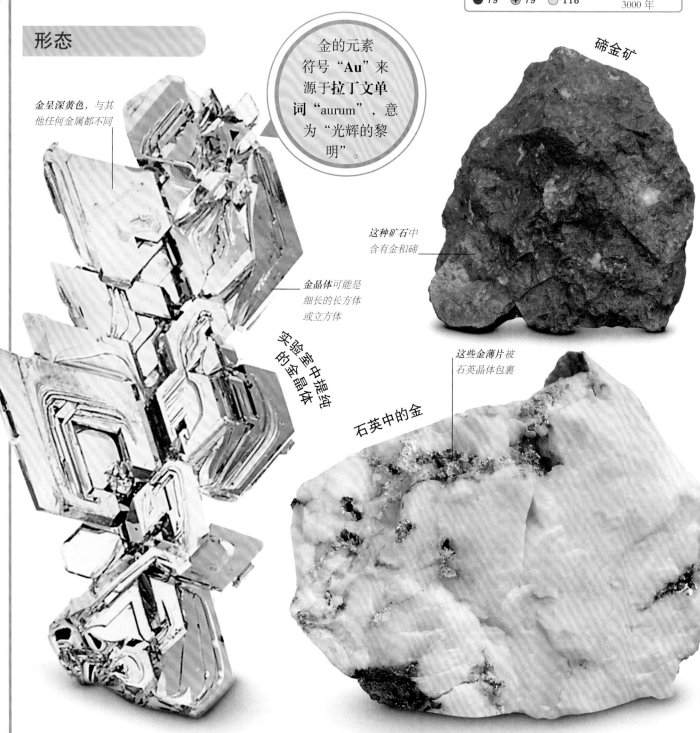

金呈深黄色，与其他任何金属都不同

这种矿石中含有金和碲

金晶体可能是细长的长方体或立方体

实验室中提纯的金晶体

这些金薄片被石英晶体包裹

石英中的金

人们从几千年前就已经开始用金制作首饰。又过了几个世纪，人们才学会炼制铜、铁和其他金属。许多人认为金是第一个被认定的金属元素。这是一种密度大、具有独特深黄色的不活泼金属。金多以游离状态存在，除了在**碲金矿**等矿物中的碲化物之外，在自然界中几乎不形成化合物。金在自然界中可形成金块，但大部分是分散在岩石中的小金粒。黄金矿工将这些岩石碾碎，用水或强酸将沙金洗出。金可以制成**宇航员**

应用

薄薄的一层金可以保护宇航员免受太阳的炙烤

宇航员面罩

法老木乃伊的脸上戴着**这个面具**

图坦哈蒙面具

皇家皇冠德比生产的盘子

这个玻璃盘中含有金粒

霍特曼金块

1872 年 10 月 19 日，最大的天然金块在澳大利亚的希尔兰德小镇被发现。它以其发现者伯恩哈特·霍特曼的名字命名，其中包含超过 90 千克的纯金。

1.45 米

霍尔特曼金块　　　10 岁的儿童

存在银行里的金条是财富的象征

金条

食用金箔

装饰这种昂贵巧克力的金箔可以食用

金牙

这些假牙由金和汞的合金制成

素贴山的双龙寺，泰国

镀金层使汽车发动机的温度保持稳定

迈凯伦F1赛车发动机

古代金首饰

整个寺庙上覆盖了一层薄薄的金

这个颈圈由铸金制成

面罩的隔热层。金一直被认为是贵重的金属，许多古代手工艺品都用金锻造而成，例如 3300 年前的**图坦哈蒙面具**。在土耳其发现的一些早期硬币也是由金制成的。金可以用于装饰建筑物，比如泰国**素贴山的双龙寺**。不过，这种贵金属最常见的用途还是制作首饰或装饰品。

金佛

越南芽庄的龙山寺里，坐落着一尊珍贵的千手千眼佛像。佛陀手持一系列神圣的物品，包括卷轴和白莲花。这尊佛像上完整地镀了一层金，吸引了世界各地成千上万的参观者。

虽然人们发现了很多种坚硬的金属和有用的元素，但是金仍然是其中最重要的。早在知道金为何物之前，人们就在河床上看到了闪闪发光的沙金，从岩石中挖出了大金块。人们发现，金有很多宝贵的特质：它的柔韧性很好，能被锤击成很多形状，能被熔铸成装饰品。最重要的是，它有永不消失的金色光泽。古代人用金制成贵重的物品。古埃及人用金制造钱币，还把金涂在金字塔的顶端。然而，金非常稀有，如果把全世界开采出来的金都制成一个大立方体，一个足球场的罚球区就能装得下。

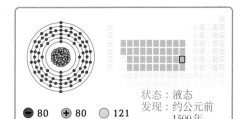

状态：液态
发现：约公元前
1500年
● 80　＋ 80　○ 121

80 Hg 汞（gǒng）

形态

这种亮红色矿物是现在提炼汞的主要原料

辰砂

液态汞

流动时出现"层"是因为汞的密度大

汞的熔点是 -39℃

固态汞非常软，用刀就可以切开。

汞（又称水银）是在室温下唯一呈液态的金属。它和水一样，都属于地球表面发现的少数几种天然存在的液体。自然界中的汞常在火山周围形成，火山的热量将其从辰砂等矿物中分离出来。人们使用这种红色矿物的历史已有几千年，例如古罗马人把烤辰砂产生的液体称为"银水"（hydrargyrum），这种液体就是汞。后来人们称它为水银是由于液态汞流动的速度很快。该金属有剧毒，不小心吸入或吞食会损害人体的器官

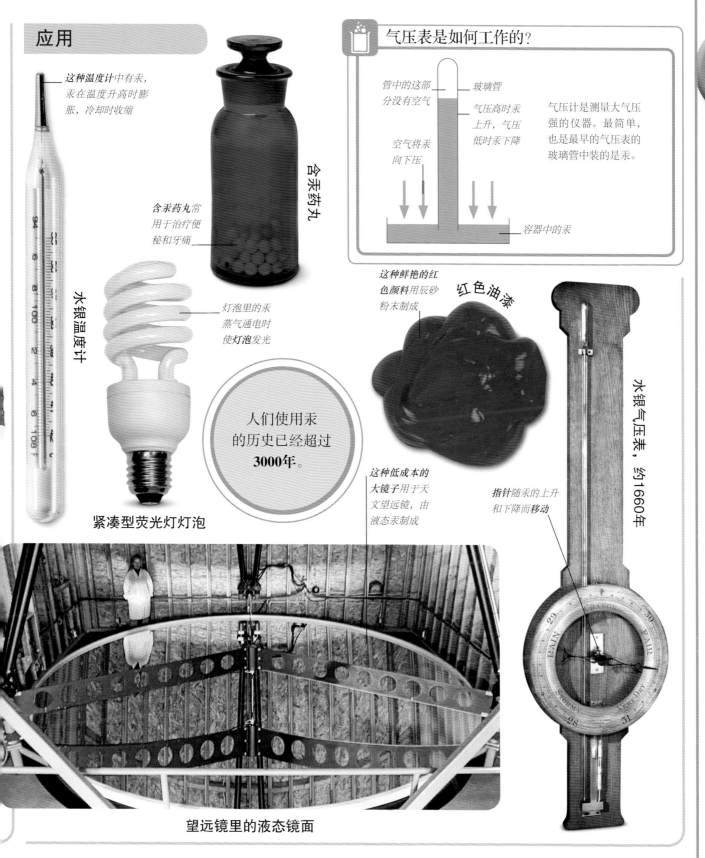

应用

这种温度计中有汞，汞在温度升高时膨胀，冷却时收缩

水银温度计

含汞药丸常用于治疗便秘和牙痛

含汞药丸

灯泡里的汞蒸气通电时使灯泡发光

人们使用汞的历史已经超过**3000年**。

紧凑型荧光灯灯泡

气压表是如何工作的？

管中的这部分没有空气

玻璃管

气压高时汞上升，气压低时汞下降

空气将汞向下压

容器中的汞

气压计是测量大气压强的仪器。最简单，也是最早的气压表的玻璃管中装的是汞。

这种鲜艳的红色颜料用辰砂粉末制成

红色油漆

这种低成本的**大镜子**用于天文望远镜，由液态汞制成

指针随汞的上升和下降而移动

水银气压表，约1660年

RAIN 29 CHANGE 30 FAIR
STORMY 98 VERY DRY 31

望远镜里的液态镜面

过渡金属元素

和神经。因此，现在人们对汞的使用进行严格监管。汞用于制造某些电池、温度计和低耗能的**紧凑型荧光灯灯泡**。硫化汞可用于制造**红色油漆**。直到 18 世纪初，人们还在药丸中加入汞，用来治疗常见疾病。人们发

现汞有毒后才逐渐停止使用它。第一个精确的气压表也使用了这种液体，但**水银气压表**如今已经很少见。

104 Rf 鿔 (lú)

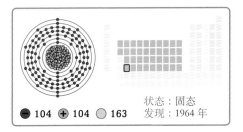

状态：固态
发现：1964 年

- 104 + 104 ○ 163

欧内斯特·卢瑟福

鿔是人们发现的第一个超重元素。超重元素的原子核内有 104 个或更多的质子。鿔的英文名称"rutherfordium"以英国科学家**欧内斯特·卢瑟福**（Ernest Rutherford）的名字命名。他在 1913 年指出，每一个原子都有一个原子核。金属鿔是研究人员在实验室中人工合成的。

105 Db 𬭊 (dù)

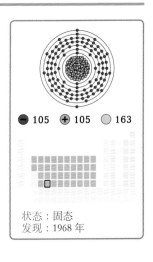

状态：固态
发现：1968 年

- 105 + 105 ○ 163

艾伯特·吉奥索

美国科学家艾伯特·吉奥索在 20 世纪发现了 **12种元素**。

科学家们花费了将近 30 年才对该元素的名字达成一致意见。𬭊的英文名称"dubnium"最终以俄罗斯城市杜布纳（Dubna）命名。1968 年，这种有放射性的人造元素的原子第一次在杜布纳合成出来。然而，由**艾伯特·吉奥索**带领的美国科学家团队在同一时间也合成了该元素。这种放射性元素有 12 种同位素，每种都有不同数量的中子。

106 Sg 镭（xǐ）

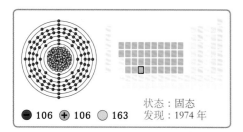

状态：固态
发现：1974 年

● 106 ⊕ 106 ○ 163

镭原子在 3 分钟之内就会发生裂变，因此人们对它的了解很少。科学家们认为它可能是金属。1974 年，劳伦斯－伯克利实验室用一台**超重离子直线加速器**将镭合成出来。它的英文名称"seaborgium"以美国科学家格伦·T.西博格（Glenn T Seaborg）的名字命名。

科学家们用这台巨大的机器发现了**5种新元素**。

*这个巨型管道*是超重离子直线加速器的一部分。超重离子直线加速器是一种粒子加速器（一种可以使带电粒子加速并相互撞击的机器）

格伦·T.西博格

诺贝尔化学奖

美国科学家格伦·T.西博格和他的同事埃德温·麦克米伦在 1951 年因制得了锔被授予诺贝尔化学奖。锔是第一个被分离出来的超铀元素——比铀重的元素，铀是自然界中存在的最重的元素。

诺贝尔奖章

超重离子直线加速器，劳伦斯－伯克利实验室，加利福尼亚州，美国

107 Bh 铍（bō）

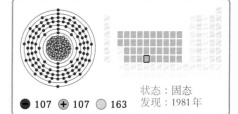

状态：固态
发现：1981 年

● 107　＋ 107　○ 163

尼尔斯·玻尔

铍是一种人造元素。其英文名称"bohriun"以丹麦科学家尼尔斯·玻尔（Niels Bohr）的名字命名，以纪念他在原子结构方面作出的贡献。科学家们用粒子加速器加速的铬离子轰击铋靶首次产生了铍。该元素的原子不稳定，所有铍原子都会在 61 秒内衰变，因此人们对其不甚了解。

108 Hs 镖（hēi）

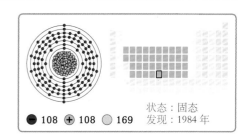

状态：固态
发现：1984 年

● 108　＋ 108　○ 169

彼得·安布鲁斯特

镖由该研究所合成出来

重离子研究所的一个实验室，
达姆施塔特，德国

科学家们认为镖是一种金属，但他们还不能合成足够多的镖原子进行详细研究。镖的放射性很强，大部分镖原子在几秒之内就会发生衰变。它的英文名称"hassium"以德国黑森州（Hessen）的名字命名，这里是重离子研究所的所在地。重离子研究所的物理学家**彼得·安布鲁斯特**带领的团队首次合成出镖。

109 Mt 镕（mài）

迈特纳-豪斯楼，洪堡大学，德国

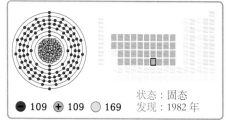

状态：固态
发现：1982 年

● 109 ⊕ 109 ○ 169

研究人员认为镕可能是所有元素中密度最大的。镕非常不稳定，即使是最稳定的镕同位素的原子也会在几十毫秒之内衰变。该元素的英文名称"meitnerium"以奥地利物理学家**莉泽·迈特纳**（Lise Meitner）的名字命名，以纪念她在物理学方面的成就。包括德国柏林的**洪堡大学**在内的几所大学，也有以她名字命名的建筑物。

莉泽·迈特纳（左）与德国化学家奥托·哈恩一起工作

110 Ds 鿏 (dá)

西古德·霍夫曼

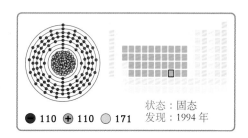

状态：固态
发现：1994 年
● 110 ⊕ 110 ○ 171

该人造元素的英文名称"darmstadtium"以德国城市达姆施塔特（Darmstadt），也就是重离子研究所所在地命名，该元素在重离子研究所被合成出来。由德国物理学家**西古德·霍夫曼**带领的团队在粒子加速器中用镍离子撞击铅靶合成了该元素。

111 Rg 铹 (lún)

威廉·伦琴

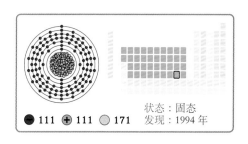

状态：固态
发现：1994 年
● 111 ⊕ 111 ○ 171

科学家们认为铹与金、银等贵金属有许多相似之处。然而，铹原子在几毫秒内就会衰变，因此这一猜测还未得到证实。铹在德国的达姆施塔特被合成出来。它的英文名称"roentgenium"以德国科学家**威廉·伦琴**（Wilhelm Rontgen）的名字命名。伦琴在 1895 年发现了 X 射线。

112
Cn
锝（gē）

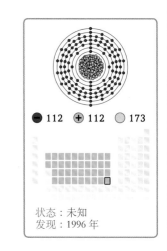

状态：未知
发现：1996 年

*这座雕像*矗立在哥白尼曾居住过的波兰城堡前

一些科学家认为锝可能是唯一的**气态金属**。

尼古拉·哥白尼的雕像

这个德国研究所合成出了锝

重离子研究所，德国

在全部衰变之前，这种放射性元素最稳定的原子仅能存在大约 20 分钟。锝是用粒子加速器加速的锌离子轰击铅靶产生的。至今只产生了少量该人造元素的原子。锝的英文名称"copernicium"以波兰天文学家尼古拉·哥白尼（Nicolaus Copernicus）的名字命名，他创立了科学的日心地动说。

铕在空气中颜色
会发生改变。

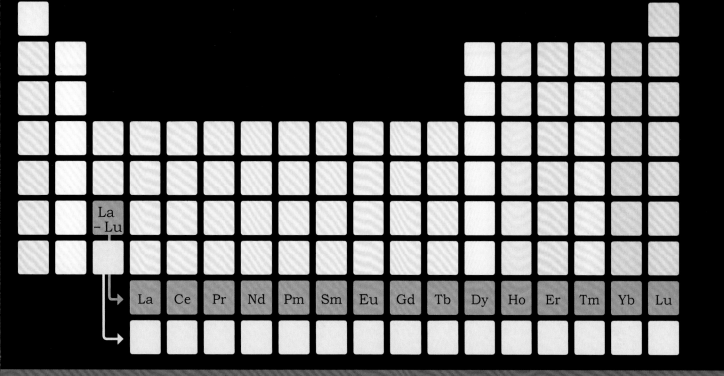

镧系元素

该族元素以为首的元素——镧命名。因为它们在自然界中共存于地壳的某些矿物中，并且一开始科学家觉得镧系元素不常见，所以它们也被称为"稀土元素"。然而，它们实际上并不稀有，而是在地壳中普遍存在。在钡和铪之间的这些金属元素，本应排布在碱土金属元素与过渡金属元素之间，但是为了节约空间，它们通常被列在《元素周期表》主表的下方。

原子结构

镧系元素原子的最外层都有2个电子。它们的原子都很大，而且都有6个电子层。

物理性质

镧系元素的金属密度大，有闪亮的光泽，暴露于空气中便失去光泽。它们的导电性不太好。

化学性质

镧系元素与冷水反应较慢，但是与热水反应剧烈。

化合物

很多镧系元素可与氧形成氧化物。这些元素常用于制作激光材料和永磁材料。

57 La 镧（lán）

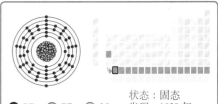

状态：固态
发现：1839 年

● 57 ＋ 57 ○ 82

形态

氟碳铈矿

碳酸镧
用于治疗肾病。

实验室中提纯的金属镧样品

金属镧与空气接触后，其表面会变为无光泽的黑色

这种棕褐色的矿物也有其他颜色，例如黄色、黄褐色和灰色

这种金属易燃

应用

荧光灯

这个灯泡用镧来减少光中的黄色

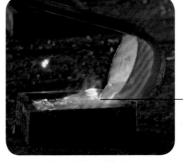

熔融状态的镧

熔融状态的镧，可用于打磨钻坯

这个镜头的镜片中含有氧化镧，因此能更好地聚焦

照相机镜头

虽然镧的英文名称"lanthanum"意为"被隐藏的"，但它在地壳中的含量比很多金属都丰富。例如，它在地壳中的含量比铅多 3 倍。镧于 1839 年在铈硅矿中被发现。化学家们又花费了近 100 年才找到提纯这种金属的方法。今天，氟碳铈矿是提取镧的来源之一。这种元素应用广泛，既可以用于制造摄影照明用的弧光灯和**照相机镜头**，也可以用于精炼石油。

58 Ce 铈（shì）

状态：固态
发现：1803 年
● 58　＋ 58　○ 82

铈是**第一个**被发现的镧系元素。铈的英文名称"cerium"以1801 年发现的小行星谷神星（Ceres）的名字命名。金属铈具有很高的毒性，但铈化合物相对安全，用途广泛。铈最主要的用途是制造磷光体，即一种可以发出不同颜色光的固态物质，用于**平板电视**和灯泡。

平板电视

显示屏内有含铈的磷光物质涂层，能发出红色、绿色和蓝色光

实验室中提纯的金属铈样品

金属铈与空气接触会失去光泽

厨房铲

这种红色来源于一种叫作硫化铈的化合物

59 Pr 镨（pǔ）

金属镨常被保存在矿物油中，以防它和空气中的氧气反应

镨的英文名称"praseodymium"部分来源于希腊单词"prasinos"，意为"**绿色的孪生兄弟**"。金属镨通常是灰色的，它在空气中缓慢反应，形成绿色氧化物层。镨化合物可使玻璃和耐热陶瓷呈现黄色，还能为人造宝石着上绿色。加入镨的磁体具有更强的磁性。

状态：固态
发现：1885 年
● 59　＋ 59　○ 82

实验室中提纯的金属镨样品

黄色陶瓷锅

因加入了镨而呈**黄色**

绿色二氧化锆晶体

这种人工宝石呈现绿色是因为含有少量镨与氧的化合物

60 Nd 钕 (nǔ)

60 ⊕ 60 ⊙ 84

状态：固态
发现：1885 年

粉色玻璃

玻璃的颜色来自于其中微量的钕

用钕制成的强磁体可拉起数千倍于自身质量的物体。该元素在 1885 年由奥地利化学家卡尔·奥尔·冯·韦斯拔发现。起初，钕用于给玻璃着色，少量的钕可以使玻璃呈现亮紫色。现在，钕也被用来制作眼科手术中使用的激光器。

实验室中提纯的金属钕样品

金属钕在空气中会变黑

61 Pm 钷 (pǒ)

61 ⊕ 61 ⊙ 84

状态：固态
发现：1945 年

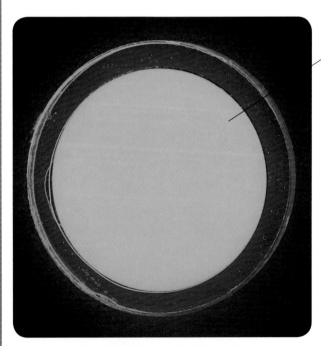

从上方看罐子里的含钷油漆

这种油漆因含有放射性钷而发光

这枚导弹使用放射性钷供电

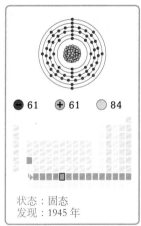

导弹

钷是最稀有的镧系元素。地壳中的钷在几十亿年前全部衰变。因此钷是在核反应堆中人工生成的。钷的放射性很强，这种放射性可转化为电能，因此可应用于一些导弹上。加入钷的油漆可以在黑暗中发光。

62 Sm 钐（shān）

状态：固态
发现：1879 年

● 62　⊕ 62　○ 88

该元素的英文名称"samarium"以它最初被提取出来的铌钇矿（samarskite）命名。然而，另一种富镧系元素矿物——独居石是现在提取钐的主要来源。钐与钴混合可制造出永磁体，常用于电吉他。

吉他拾音器

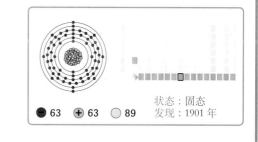

这种银白色的金属接触空气后变暗

实验室中提纯的金属钐样品

这些拾音器（电吉他上感应弦所产生的振动的部件）由钐钴磁体制成

63 Eu 铕（yǒu）

状态：固态
发现：1901 年

● 63　⊕ 63　○ 89

实验室中提纯的金属铕样品

铕的英文名称"europium"以欧洲（Europe）命名。但大部分铕产自美国和中国，从氟碳铈矿中提取。欧元和英镑的纸币使用了一种被称为三氧化二铕的化合物，将纸币放置在紫外线下时三氧化二铕会发出红光。

这道红色的光证明纸币是真的

这种发黄的金属晶体上通常有深色氧化物斑块

紫外线下的英国纸币（局部）

113

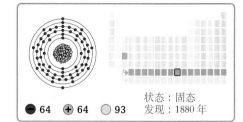

镧系元素

64 Gd 钆（gá）

状态：固态
发现：1880 年
⊖ 64　⊕ 64　○ 93

这种柔软的银色金属
接触空气后颜色变暗

实验室中提纯的金属钆样品

硅铍钇矿

钆的英文名称"gadolinium"及矿物硅铍钇矿的英文名称"gadolinite"以发现硅铍钇矿的芬兰化学家约翰·加多林（Johan Gadolin）的名字命名。钆的化合物可用于磁共振成像中，以获得清晰的图像。钆也被用于制造电子器件和不锈钢。

这种矿物中含有微量的钆

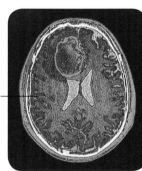

这幅大脑图像
很清晰是由于
患者血液中注
射了钆化合物

人脑的磁共振成像
（MRI）图像

65 Tb 铽（tè）

状态：固态
发现：1843 年
⊖ 65　⊕ 65　○ 94

铽的英文名称"terbium"以瑞典村庄于特比（Ytterby）命名。这是一种可从独居石中获得的银色金属。铽的用途不多。铽被添加到其他金属中可制造发声设备，如"声音之虫"（SoundBug）扬声器中使用的强磁体。它的化合物可用于制造汞灯。

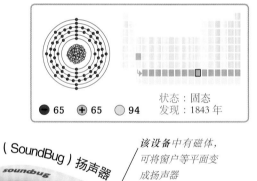

"声音之虫"（SoundBug）扬声器

该设备中有磁体，
可将窗户等平面变
成扬声器

灯中的汞蒸气在
通电时产生紫外
线，加入铽可使
光变成亮黄色

金属铽非常软，用
刀就可以切开

实验室中提纯的金属铽样品

汞灯

114

66 Dy 镝（dī）

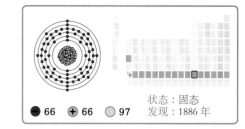

状态：固态
66 ⊕ 66 ○ 97
发现：1886 年

褐钇铌矿

这种矿物中含有微量的镝

与其他大多数镧系元素相比，镝更容易与空气和水反应。虽然它在 1886 年就已经被发现，但直到 20 世纪 50 年代人们才找到将其提纯的方法。这种金属常与钕一起用于生产磁体，这种磁体可用于汽车发动机、涡轮机和发电机。

金属镝在室温下可以保持光泽

实验室中提纯的金属镝样品

一些混合动力汽车的发动机中含有镝

混合动力汽车发动机

67 Ho 钬（huǒ）

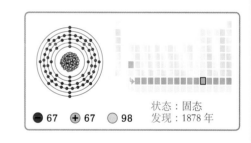

状态：固态
67 ⊕ 67 ○ 98
发现：1878 年

钬的英文名称"holmium"由瑞典化学家佩尔·特奥多尔·克莱夫以瑞典城市斯德哥尔摩（拉丁文为 Holmia）命名。金属钬能产生强磁场，因此可用于磁体。其化合物可用于制造激光器，以及为玻璃和人造宝石（如二氧化锆）着色。

这种人造宝石因加入了少量的钬而呈红色

银色闪光

实验室中提纯的金属钬样品

红色的二氧化锆宝石

68 Er 铒 (ěr)

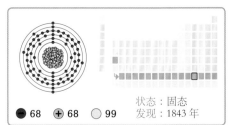

● 68　⊕ 68　○ 99

状态：固态
发现：1843 年

这种银色金属接触空气后会逐渐失去光泽

实验室中提纯的金属铒样品

这种玻璃中含有铒，可以保护焊工的眼睛不受高温和强光的伤害

这个花瓶的玫瑰红色来自瓷釉中的氧化铒

焊接护目镜

玫瑰红色瓷器

与铽和镱一样，铒的英文名称"erbium"也以瑞典村庄于特比（Ytterby）命名，因为发现这些元素的矿石产自该村庄附近。自然界中不存在游离状态的铒，但我们可从矿物独居石中得到铒。许多铒化合物呈玫瑰红色，用于制造陶瓷和玻璃。

69 Tm 铥 (diū)

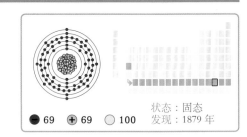

● 69　⊕ 69　○ 100

状态：固态
发现：1879 年

实验室中提纯的金属铥样品

这种较为柔软的金属在紫外线下发出蓝光

该机器用极少量铥就可发出 X 射线

手提式X射线机

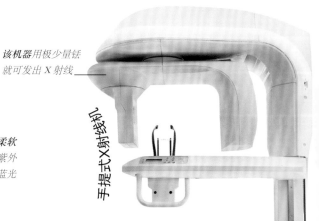

在所有镧系金属元素中，铥是地壳中含量最少的。它被用作外科手术中切除受损身体组织的激光源。铥的放射性同位素可产生 X 射线，手提式 X 射线机中使用的就是铥的这种同位素。

70 Yb 镱（yì）

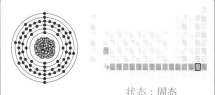

状态：固态
● 70　⊕ 70　○ 103　发现：1878 年

镱比其他镧系元素化学性质更活泼。它被储存在密封容器中，以防与氧气发生反应。金属镱的用途很少。制造钢时会加入少量的镱，而镱的化合物可用在某些激光器中。

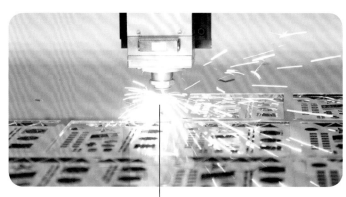

激光切割

镱制成的激光器可切割金属和塑料

这种银白色金属
可被锤制成薄片

实验室中提纯的金属镱样品

71 Lu 镥（lǔ）

实验室中提纯的金属镥样品

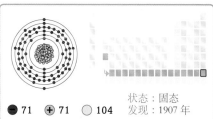

状态：固态
● 71　⊕ 71　○ 104　发现：1907 年

一些炼油厂用镥分解原油，
用于制造汽油和柴油等燃料

镥是镧系元素中
最硬和最致密的

炼油厂

镥是最后一个被发现的镧系元素。它也是元素周期表中排在最后的镧系元素成员。金属镥很活泼，易燃。它在地壳中的含量很少，而且用途也不多，主要被加入到原油中，用来制造燃料。

117

这块铀样品是核电站的废料。

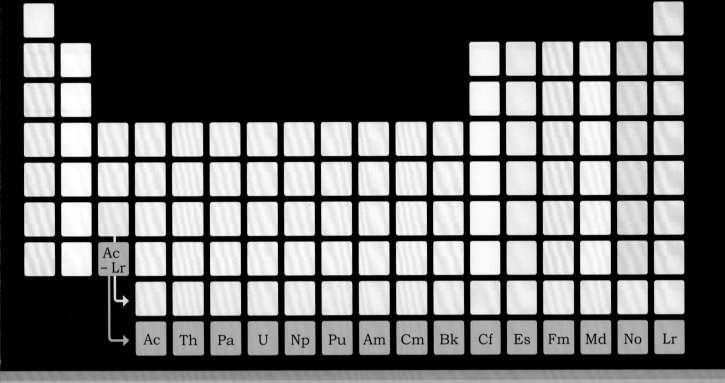

| Ac | Th | Pa | U | Np | Pu | Am | Cm | Bk | Cf | Es | Fm | Md | No | Lr |

锕系元素

这些金属以该族的第一个成员——锕来命名，被称为锕系元素。为了节省空间，这些元素常常被排在《元素周期表》主表的下方，但其实它们位于碱土金属元素镭和过渡金属元素𬭶之间。该族所有元素都具有放射性，最后的9种元素在自然界中不存在，只能在实验室里人工合成出来。

原子结构

该族所有元素原子的最外

物理性质

自然界中存在的锕系元素

化学性质

锕系元素是活泼的金属，在

化合物

锕系元素和卤族元素形成

89 Ac 锕 (ā)

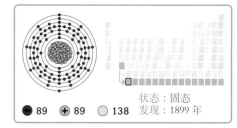

状态：固态
● 89 ⊕ 89 ○ 138
发现：1899 年

钙铀云母

这种具有放射性的矿物在紫外线的照射下会发出强荧光

云母铀矿

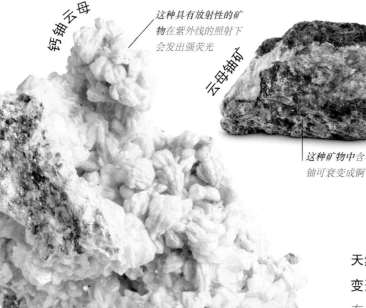

这种矿物中含有铀，铀可衰变成锕

这种装置用放射性锕测量水量

中子探测器

天然锕非常罕见，大多数锕是由其他放射性元素衰变形成的。它的原子很不稳定，易衰变成钫和氡。在**云母铀矿**等铀矿石中存在微量的锕。锕的应用十分有限，它的同位素可用于癌症的放射治疗。

90 Th 钍 (tǔ)

状态：固态
● 90 ⊕ 90 ○ 142
发现：1829 年

独居石

钍是较为常见的天然放射性金属元素，可用在真空管中，使电流通过。它也可以参与核裂变反应，反应中一个原子分裂成两个并释放能量。科学家们正在探索用钍作为核反应堆主要原料进行核能发电的方法。

这种耐久的岩石由火山岩浆凝固而成，常含有10%~20% 的二氧化钍

这层钍通过释放电子产生电流

方钍石

这种矿物中含有钍化合物的小晶体

真空管

91 Pa 镤（pú）

状态：固态
发现：1913 年

● 91　⊕ 91　○ 140

这种鲜艳的绿色放射性矿物中含有微量的镤

质脆、有光泽的矿物摸起来像蜡

盖革计数器可以测量样品的放射性

瓶内装有镤样品

镤研究

镤的英文名称 "protactinium" 的含义是 "锕之前"。这是因为铀原子会衰变成镤原子，然后迅速衰变成锕原子。人们在古代的泥沙中发现了少量的镤。地质学家利用盖革计数器对这些泥沙进行研究，计算出它们的年龄。

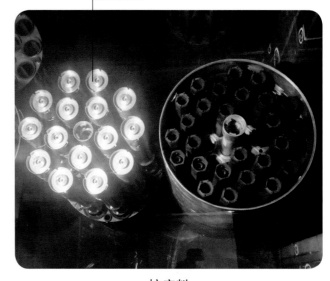

这些用过的核燃料棒含镤

铜铀云母

核废料

92
U 铀（yóu）

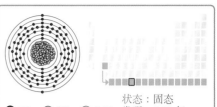

状态：固态
● 92　⊕ 92　○ 146　发现：1789 年

铀的英文名称"uranium"以行星天王星（Uranus）的名字命名，是人们发现的第一个具有放射性的元素。20 世纪初，一些生产商在制造**玻璃碗**的釉料中加入了铀，人们直到后来才知道它是一种对人体有害的金属。铀 −235 是一种不稳定的同位素，可用作核反应堆和原子弹的燃料。

这些黑色的部分含有二氧化铀，是提取铀的主要来源

块状金属铀

晶质铀矿

这块金属铀样品来自于核电站的废料

在玻璃中加入的铀使这个碗在紫外线的照射下发亮绿色荧光

玻璃碗

93
Np 镎（ná）

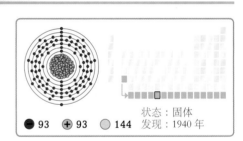

状态：固体
● 93　⊕ 93　○ 144　发现：1940 年

矿物中的放射性元素衰变成镎

晶质铀矿

这台回旋加速器建于 1938 年，是首次发现镎的仪器

加利福尼亚大学伯克利分校的
回旋加速器，美国

镎在元素周期表上位于铀的旁边，它的英文名称"neptunium"以海王星（Neptune）的名字命名。它微量存在于易解石等放射性矿物中。镎是在人工核反应中形成的，首次发现于回旋加速器中。人们还没有发现这种元素的用途。

94 Pu 钚（bù）

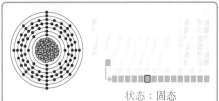

状态：固态　发现：1940 年
● 94　⊕ 94　○ 150

晶质铀矿

自然界中几乎不存在钚。这是因为随着时间的推移，大部分钚已经衰变成其他元素。它是在第二次世界大战期间生产核弹时被发现的。如今的钚主要用作核燃料。

这种矿物中含有痕量的钚

这个火星探测器通过钚释放的热量产生电力

早期的起搏器中使用了钚电池

20世纪80年代的起搏器电池

"好奇"号火星探测器

95 Am 镅（méi）

状态：固态　发现：1944 年
● 95　⊕ 95　○ 148

烟雾探测器部件

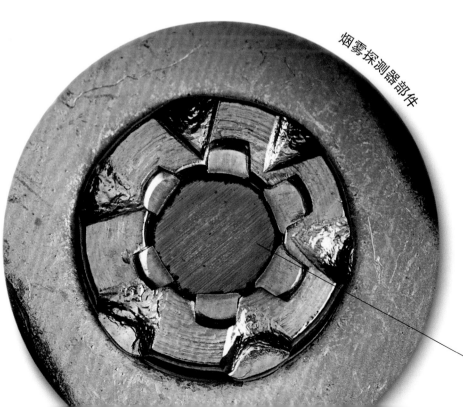

这种金属元素在自然界中不存在。核反应堆内部铀原子或钚原子被中子轰击时产生了镅。但意想不到的是，镅是家庭中最常见的放射性元素。烟雾探测器的原理是，镅原子的放射性使探测器中的空气导电。当烟雾干扰电流时，报警器就会发出响声。

这个烟雾探测器中含有不足以对人体产生危害的微量的镅

96 Cm 锔（jú）

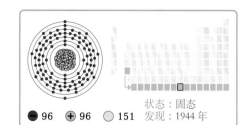

状态：固态
● 96　＋ 96　○ 151　发现：1944 年

玛丽·居里在实验室工作

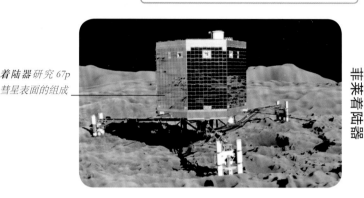

着陆器研究 67p
彗星表面的组成

菲莱着陆器

锔是银白色的放射性金属，在黑暗中呈紫红色。这个元素由在加利福尼亚大学任教的美国科学家格伦·T. 西博格发现。锔的英文名称"curium"以发现钋元素的科学家玛丽·居里（Marie Curie）的名字命名。**菲莱着陆器**等空间探测器，使用含有锔的 X 射线设备研究环境。

97 Bk 锫（péi）

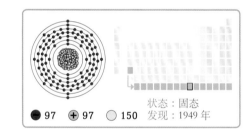

状态：固态
● 97　＋ 97　○ 150　发现：1949 年

锫的英文名称"berkelium"以发现地加利福尼亚大学所在的城市伯克利（Berkeley）命名。它由格伦·T. 西博格首次合成出来。锫可以用来产生锎等更重的元素，除此之外还没有其他应用。

加利福尼亚大学伯克利分校，美国

西博格推动了原子弹的发明，但反对在第二次世界大战中使用它。

格伦·T. 西博格

98 Cf 锎（kāi）

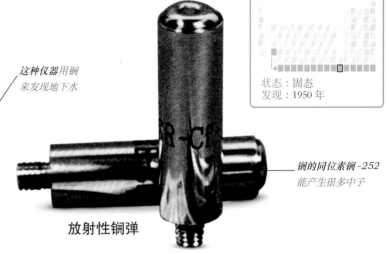

● 98　⊕ 98　○ 153

状态：固态
发现：1950 年

找水仪

这种仪器用锎
来发现地下水

放射性锎弹

锎的同位素锎-252
能产生很多中子

锎的英文名称"californium"以美国加利福尼亚州（California）命名。这种柔软的银色金属在自然界中不存在，是通过在粒子加速器中用粒子轰击锔原子合成出来的。这种放射性元素可用于治疗癌症。

99 Es 锿（āi）

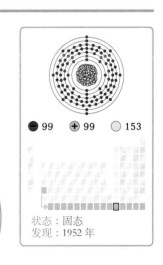

● 99　⊕ 99　○ 153

状态：固态
发现：1952 年

每年
只有几毫克的锿
被生产出来。

爱因斯坦在他的研究室里

锿发现于 1952 年首次热核（氢弹）爆炸试验后的化学沉降物中。巨大的爆炸将较小的原子融合成较大的原子，包括锿。这个元素的英文名称"einsteinium"是以伟大的美籍犹太裔科学家阿尔伯特·爱因斯坦（Albert Einstein）的名字命名的。它是一种银色的放射性金属，在黑暗中发出蓝色光。锿仅用于制造更重的元素，例如钔。

100 Fm 镄（fèi）

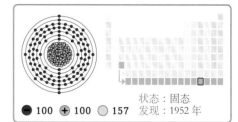

状态：固态
● 100 ⊕ 100 ○ 157　发现：1952 年

这种人造元素的英文名称"fermium"以美籍意大利科学家恩里科·费米（Enrico Fermi）的名字命名。他在 1942 年建成了第一座核反应堆，自此以后美国开始为第二次世界大战努力建造核武器。镄是 1952 年首次在热核爆炸试验后的沉降物中发现的。目前，这种不稳定的元素除了研究之外没有其他用途。

一些科学家称费米为"原子时代之父"。

恩里科·费米

101 Md 钔（mén）

● 101 ⊕ 101 ○ 157

状态：固态
发现：1955 年

门捷列夫的周期表

1869 年门捷列夫的笔记显示出他以行列的方法排列元素

钔的英文名称"mendelevium"以发明《元素周期表》的俄国化学家德米特里·门捷列夫（Dmitri Mendeleev）的名字命名。科学家在粒子加速器中用氦离子轰击锿靶产生了少量的钔原子。

德米特里·门捷列夫

102 No 锘（nuò）

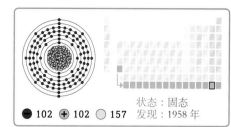

状态：固态
发现：1958 年

这种人造金属元素的英文名称"nobelium"是以瑞典化学家阿尔弗雷德·诺贝尔（Alfred Nobel）的名字命名的。他是诺贝尔奖的创始人。锘于1958 年由加利福尼亚大学的科学家团队发现。团队成员包括**艾伯特·吉奥索、托碧昂·赛克兰德和约翰·沃尔顿**。他们用粒子加速器使碳离子轰击锔靶，合成出了锘原子，但锘原子在几分钟内就衰变了。

艾伯特·吉奥索、托碧昂·赛克兰德和约翰·沃尔顿

103 Lr 铹（láo）

早期的回旋粒子加速器

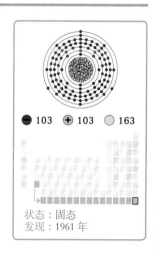

状态：固态
发现：1961 年

铹在由欧内斯特·劳伦斯建立的**伯克利实验室**中制成。

铹的英文名称"lawrencium"以美国科学家欧内斯特·劳伦斯（Ernest Lawrence）的名字命名，他发明出了第一个回旋粒子加速器。这种机器可以使粒子回旋，并撞击在一起。铹原子就是在类似的机器里用硼离子轰击锎靶产生的。

金属镓在29℃时
会熔化为液体。

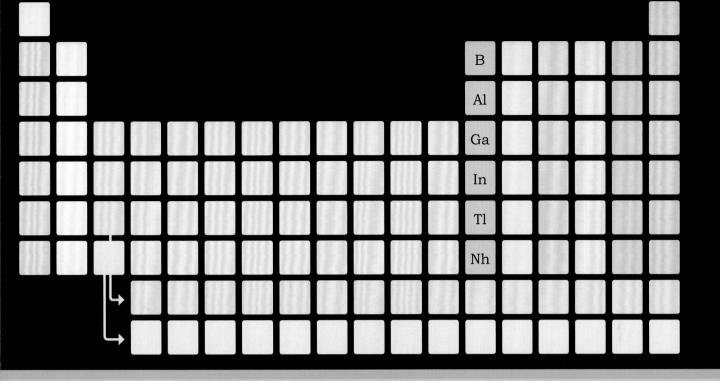

					B
					Al
					Ga
					In
					Tl
					Nh

硼族元素

硼族元素包含 5 个自然元素和 1 个人工合成元素（铼）。虽然这些元素不是很活泼，但自然界中仍然没有发现它们的非化合形式。排在第一位的成员硼是准金属（性质介于金属和非金属之间），其他元素均是金属。排在第二位的成员铝是地壳中非常常见的金属。

原子结构

硼族元素原子的最外层都有 3 个电子。其中部分元素有不稳定的同位素。

物理性质

除硼以外的所有元素均是银白色的金属。硼的硬度仅次于金刚石，其他的硼

化学性质

大多数硼族元素不易与水发生化学反应，但可以和氧气反应生成氧化物。铝在空气

化合物

这些元素通过失去电子与其他元素形成化合物。它们的原子可以与 3 个氧原

5 B 硼（péng）

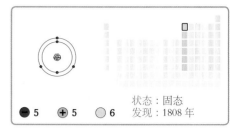

状态：固态
● 5　➕ 5　○ 6
发现：1808 年

形态

钠硼解石

这种半透明的矿物
发现于干盐湖

贫水硼砂

由钠和硼组成
的无色化合物

实验室中提纯的硼样品

富含硼的玉米

玉米

缺少硼元素的玉
米无法正常生长

略带光泽的
黑色固体

硬硼钙石

有些硼化合物跻身于地球上最坚硬的人造物质之列，仅次于金刚石。硼是一种非常坚硬的物质，与碳或氮结合后会变得更加坚硬。硼可以从**钠硼解石**和**贫水硼砂**等各种矿物中提取出来。人们曾经对这种元素的需求非常高，很多人甚至迁移到了美国温度极高的**死谷**，在那里的硼矿中工作。土壤中的硼化合物对于植物的健康生长非常重要。我们的生活中每天都会用到硼。坚硬耐热的玻璃器皿（如量杯）就添加了硼，起到加

这片炎热干燥的沙漠是地球上硼的主要发现地之一

死谷，美国

针状和叶状晶体

应用

量杯

这种坚硬的玻璃中含有三氧化二硼

硼酸

这些白色晶体可由硼砂制得

液晶显示屏

这块屏幕由富含硼的玻璃制成，不易被划伤

 泰纳尔和吕萨克

人们使用硼酸盐矿物硼砂的历史可以追溯到1000年前。1808年，法国人约瑟夫·路易·盖-吕萨克和路易·雅克·泰纳尔通过加热硼砂和金属钾得到单质硼。

路易·雅克·泰纳尔
他出生于一个贫困的家庭，是一位优秀的科学家。他还发现了过氧化氢。

约瑟夫·路易·盖-吕萨克
这位法国科学家发现气体的压力随温度升高而增大。

硼族元素

雕塑土结实又有弹性，因为其中含有硼

雕塑土

碳化硼是目前我们使用的**最坚硬的**材料之一。

这辆坦克的防护装甲中含有碳化硼（一种硼和碳的化合物）

坦克

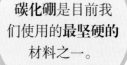
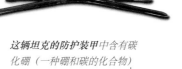

固作用。**硼酸**是一种天然的防腐剂，可用于治疗轻微的割伤和擦伤。柔韧的硼基玻璃纤维用于制造液晶电视和笔记本电脑的**液晶显示屏**，起加固作用。有一些**雕塑土**和橡皮泥中也含有硼化合物。易碎的白色硼酸盐矿物称为硼砂，可用于制造洗涤剂。这种元素也广泛存在于各种东西中，不管是在杀虫剂还是坦克装甲中都能找到它。

铝（lǚ）

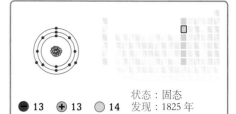

形态

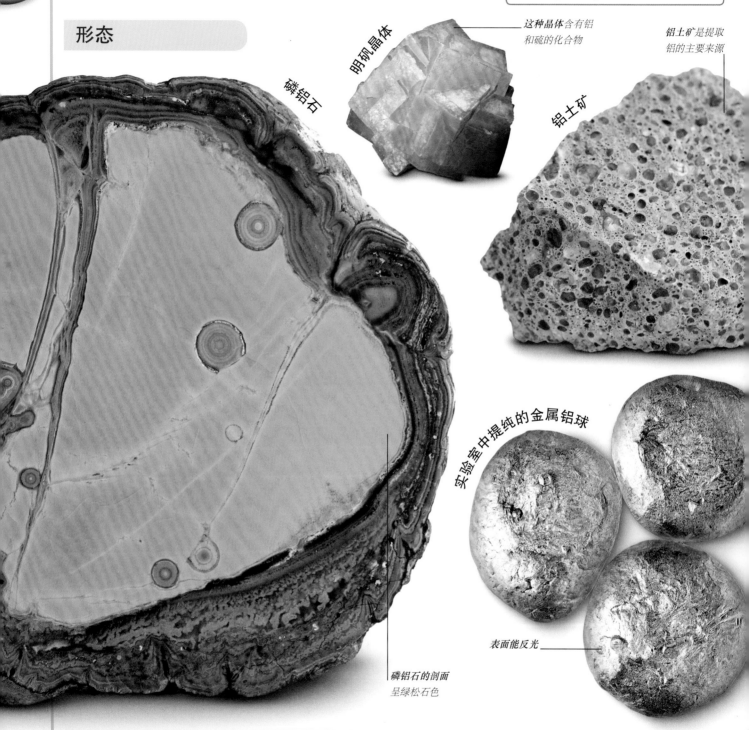

磷铝石

明矾晶体

这种晶体含有铝
和硫的化合物

铝土矿是提取
铝的主要来源

铝土矿

实验室中提纯的金属铝球

表面能反光

磷铝石的剖面
呈绿松石色

虽然铝是地壳中含量最高的金属元素，但它直到 19 世纪早期才被科学家发现。科学家们又花了 80 年的时间才研究出如何利用铝土矿来提取大量的金属铝。铝元素也存在于磷铝石等其他矿物中。如今，人们通常

将铝回收利用，因为重新生产铝需要的能量比回收再利用铝高 15 倍。铝可以制成轻薄有光泽的铝箔，用来烹饪或储存食物。用铝箔制成的防火服能隔热。在金属中，铝应用的广泛程度仅次于铁。与铁合金制成

应用

网球拍

这种箔片即使弯折扭曲也不会破碎

铝箔

铝制成的框架减轻了球拍的重量

防火服最高可抵抗1000℃的高温

铝罐

铝罐用回收利用的铝制成

回收利用1个铝罐比新生产1个铝罐节约的能量足够电视播3个小时的节目。

防火服

铝制成的电缆很轻

架空电缆

铝的回收利用

铝的提纯成本非常高，所以人们会对它回收利用。易拉罐几乎由纯铝制成，可以剪碎、熔化后再制成新的铝罐。

1. 收集旧铝罐。

2. 压成小砖块状。

3. 铝块被切成小碎片。

4. 这些小碎片被熔铸为大铝块。

5. 大铝块被切成小一些的块。

6. 它们被挤压成金属板。

7. 金属板制成新的铝罐。

智能手表

铝制成的外壳可保护触摸屏

圆屋顶的部分由铝制成

滨海艺术中心，新加坡

波音737飞机

飞机机身用铝板作蒙皮

的钢相比，铝非常轻，但几乎同样坚固。用铝制成的圆屋顶，如新加坡**滨海艺术中心**的圆屋顶，比用钢制成的圆屋顶要大得多，钢制的圆屋顶会因无法承受自身的重量而倒塌。铝也是一种良导电体，常用于制造

架空电缆。坚韧的铝合金被用来制造飞机的一些部件，如**波音737飞机**的机身。

喷气式涡轮发动机

这种喷气式涡轮发动机弯曲的扇叶形状精确，能很好地带动空气，还能够在高温下保持坚硬。可以满足这些要求的坚硬金属有几种，但其中大多数的密度都很大，这使得它们太重，无法制成飞机发动机使飞机飞上天空。因此，只剩下一种金属——铝可以胜任这项工作。

铝使高速的远程航空旅行成为可能。铝易塑形，重量只有钢的 1/4，并且不会生锈。钢比铝坚硬，但是用钢制造的飞机太重，无法飞行。因此人们用铝与钛和钢混合制成的坚韧的轻质合金制造喷气式飞机的发动机和机身。地壳中的铝含量几乎是铁的两倍。但是将铝提纯需要消耗大量能量。一旦提纯出铝，就可以反复回收利用。因此，这些发动机扇叶有一天可能会变成一堆易拉罐。

31 Ga 镓 (jiā)

状态：固态
● 31　＋ 31　● 39　发现：1875 年

硼族元素

形态

硬水铝石

表面形成的**针状晶体**

金属镓的熔
点非常低

熔化中的镓块

应用

温度计

医用温度计用
镓合金代替汞

镓激光器用于
读取蓝光光盘

蓝光光盘

红色LED灯

红色 LED 灯
的**红色**来自
镓化合物

"机遇"号火星
探测器

"机遇"号的太阳能
电池板中含有镓和砷

镓的熔点是 29.78℃，这意味着如果我们把它握在手里，它很快就会化成液体。镓少量存在于**硬水铝石**等铝矿和锌矿中。从矿石中提取其他元素时，可以分离出金属镓。镓有许多用途。它与铟和锡形成的合金可用于制造**温度计**。镓也用于制造读取**蓝光光盘**的激光器、**红色** LED 灯和某些太阳能电池板，比如美国国家航空航天局的火星探测器上使用的太阳能电池板。

49 In 铟（yīn）

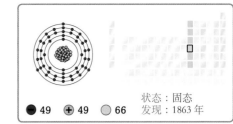

● 49　⊕ 49　○ 66

状态：固态
发现：1863 年

形态

铟弯曲的时候会发出一种类似于**尖叫的声音**。

闪锌矿

实验室中提纯的金属铟块

闪锌矿是提取铟的主要来源

金属铟非常软，可以在纸上画线

应用

触摸屏上有一个由铟锡氧化物制成的透明细电线网

平板电脑触摸屏

焊接护目镜

含铟的**防护镜**可以防止高温伤害焊工的眼睛

晶体管

晶体管微小的电子开关中含有铟

涂有氧化铟的玻璃透光，但能反射热量

建筑物的窗户

铟的英文名称"indium"以靛蓝色（indigo）命名，这是因为铟原子通电时放出靛蓝色的光。铟矿物非常稀有，大部分金属铟是从铅矿和锌矿中提取出来的，如闪锌矿。金属铟很软，在自然界中多以化合物形式存在。

铟锡氧化物可用于制造触摸屏，使计算机可以探测到手指与屏幕的接触。制造微型芯片、**焊接护目镜**和耐热防眩玻璃也需要用到铟。

81 Tl 铊（tā）

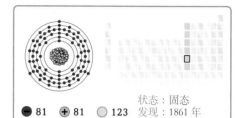

状态：固态
发现：1861 年
81 81 123

形态

黄铁矿中含有铁、硫和微量的铊

黄铁矿

含有明矾的矿石

这种矿石中含有硫酸铝钾（明矾）和包括铊在内的几种金属

真空瓶中的金属铊（实验室样品）

这种柔软的银白色金属有剧毒，且易与空气反应，需要保存在密封的玻璃瓶中

铊的英文名称"thallium"来源于拉丁文单词"thallus"，意为"嫩枝"。这是因为它的发现归功于其火焰中含有嫩绿色光。1861 年，英国物理学家、化学家威廉·克鲁克斯发现了铊。次年，他和克劳德－奥古斯特·拉米分离出了铊。虽然两个化学家各自独立地分离出铊，但他们采用了相同的方法——都使用了燃烧黄铁矿制造硫酸产生的残余物。铊也存在于含有明矾的矿石中，但大部分铊是提取铜或铅的副产品。金属铊有毒，使

应用

心脏CT成像

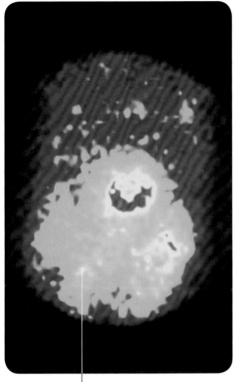

*注射了铊化合物*的血液在患者的心脏 *CT* 成像图像上显示出来

眼镜

*薄薄的镜片*由含有铊的玻璃制成

> 直到20世纪70年代，铊化合物仍普遍用于制造**杀蚁剂**。

用时必须小心。在研究患者血液循环的CT成像中会使用到铊的氯化物。铊的氧化物可以使玻璃变得更坚固，用于制造**眼镜**和照相机镜头上的镜片。

113
Nh 铱（nǐ）

状态：固态
发现：2004 年

● 113　⊕ 113　○ 183

森田浩介（左）与访问官员在日本理化学研究所，和光，日本

铱的英文名称"nihouium"来源于日文单词"nihon"，意为"日本"。铱是一种金属元素，科学家在 2003 年研究 115 号合成元素镆的时候探测到它。他们发现镆原子衰变后几秒内可得到 113 号元素。2004 年，日本理化学研究所的森田浩介及其科学家团队以另一种方法分离得到这种元素。他们通过在加速器中使铋原子和锌原子互撞，合成出了铱。

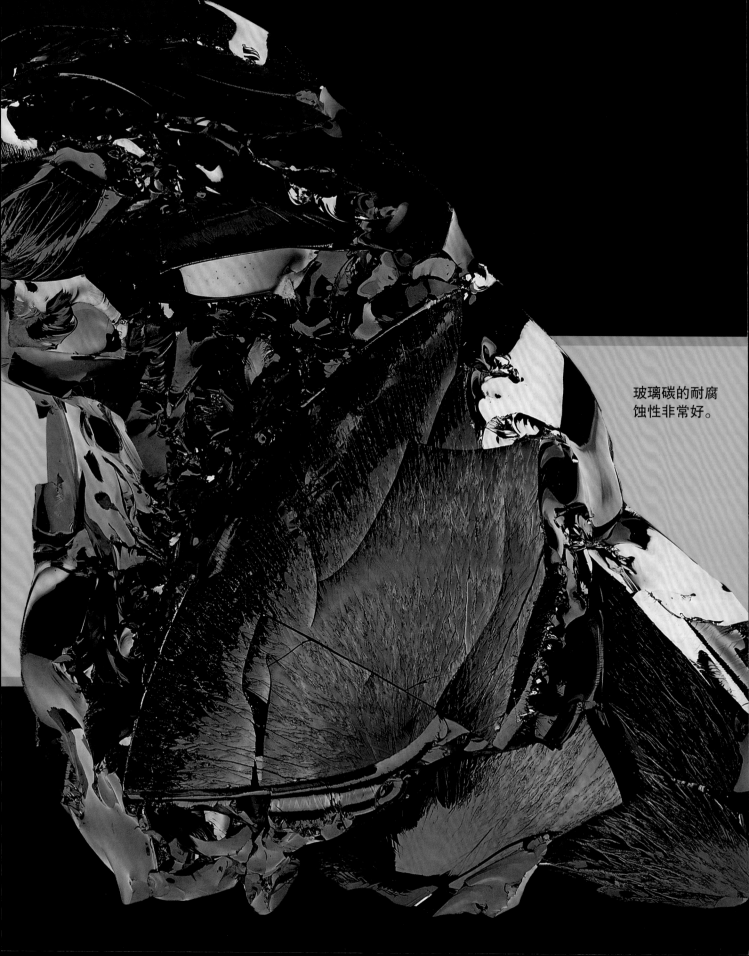

玻璃碳的耐腐
蚀性非常好。

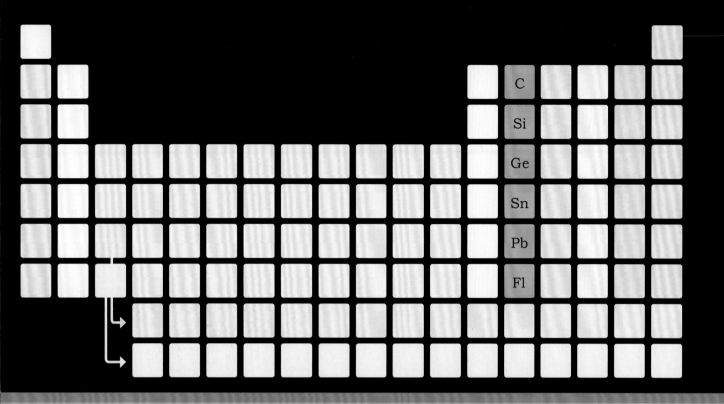

碳族元素

碳族元素包括 1 种非金属元素、2 种准金属元素和 3 种金属元素。非金属元素碳是构成生命体的主要元素。准金属元素硅和锗的性质介于金属和非金属之间，是制造电子设备的重要元素。人类使用锡和铅这两种金属元素的历史已经有几个世纪。人造元素铁的用途现在还是未知。

原子结构

碳族元素原子的最外层有 4 个电子，可以同时与 4 个原子成键。

物理性质

前 5 种元素在室温下均为固态。铁是人造元素，科学家们推测它是固态。

化学性质

碳族元素的前 5 种元素可以与氢反应。碳和硅既可以与金属元素反应，也可以与非金属元素反应。

化合物

碳族元素与氢反应形成氢化物。每个元素的原子形成化合物时最多可失去 4 个电子。

碳 (tàn)

状态：固态
发现：史前
⊖ 6　⊕ 6　○ 6

这种含有碳的黑色固体形成于地下

玻璃碳

表面有玻璃光泽

煤

原油

液体混合物，富含碳

未加工的金刚石

这种无色晶体形成于地下深处的岩浆中

钻石的亮度取决于它的切工。切工决定进入宝石的光的反射次数

有金属光泽的表面摸起来柔软有滑感

实验室中提纯的石墨样品

经过造型的钻石

碳是所有元素中化合物种类最多的，已知的碳化合物种类已经超过 900 万种。碳是宇宙中含量第四丰富的元素。每个碳原子可以与 4 个原子成键，形成链或环。自然界中的单质碳有 3 种形式——石墨、金刚石和富勒烯（由 60 个碳原子相互连接组成的球状结构）。金刚石是已知天然存在的最硬的物质，常用于制作首饰。金刚石的宝石名为钻石。一些锯的刀片表面包裹着金刚石颗粒，可以切割所有物质。只有金刚石才能切断

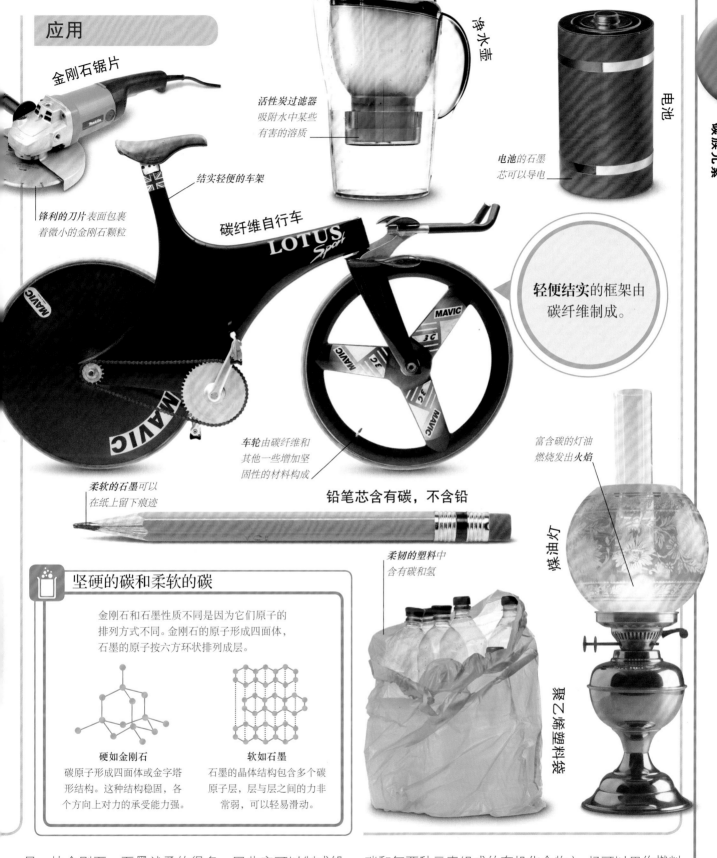

应用

金刚石锯片

锋利的刀片表面包裹着微小的金刚石颗粒

净水壶

活性炭过滤器
吸附水中某些有害的溶质

电池

电池的石墨芯可以导电

结实轻便的车架

碳纤维自行车

LOTUS Sport

MAVIC

轻便结实的框架由碳纤维制成。

车轮由碳纤维和其他一些增加坚固性的材料构成

柔软的石墨可以在纸上留下痕迹

铅笔芯含有碳，不含铅

富含碳的灯油燃烧发出火焰

柔韧的塑料中含有碳和氢

煤油灯

聚乙烯塑料袋

坚硬的碳和柔软的碳

金刚石和石墨性质不同是因为它们原子的排列方式不同。金刚石的原子形成四面体，石墨的原子按六方环状排列成层。

硬如金刚石
碳原子形成四面体或金字塔形结构。这种结构稳固，各个方向上对力的承受能力强。

软如石墨
石墨的晶体结构包含多个碳原子层，层与层之间的力非常弱，可以轻易滑动。

另一块金刚石。石墨就柔软得多，因此它可以制成铅笔芯。石墨也可以用于制造电池。煤是目前发电使用最多的燃料，但是众所周知，燃煤会污染环境，而且影响人体健康。原油、天然气和**煤**都是天然的烃（由碳和氢两种元素组成的有机化合物）。烃可以用作燃料和制成聚乙烯塑料袋等塑料制品的原料。

粉色钻石

这颗名为"可爱的约瑟芬"的钻石重量刚超过3克，是有史以来成交的最大的粉色钻石之一。金刚石是一种单质碳，通常是无色的，有色金刚石的颜色则来自于微量的另一种物质。例如，含硼的金刚石呈现蓝色。但奇怪的是，粉色钻石没有杂质，没人知道它们为什么呈现粉色。

"可爱的约瑟芬"是从一块超过15亿年的金刚石上切割出来的。这块金刚石在地下150千米深的位置形成，然后被火山喷发推挤上来，最后被人们从澳大利亚的一个矿山挖掘出来。碳受到挤压并被加热至超过1000℃时形成金刚石。这个过程使碳原子重新排列，形成结构牢固的晶体，使金刚石成为自然形成的最坚硬的物质，同时也赋予了金刚石折射光线的能力，使钻石拥有闪耀的光芒。经过合适的切割和抛光，金刚石可制成世界公认的珍贵宝石。

14 Si 硅（guī）

状态：固态
发现：1824 年
● 14 ＋ 14 ○ 14

形态

紫水晶

闪电管石

这种玻璃质的矿物在闪电击中石英砂后形成

实验室中提纯的硅样品

晶态硅可以被轻易弄碎

叶子上的微小刺毛上端硅质化，被触碰到就会释放化学物质

荨麻

砂

紫水晶的紫色来自于其中的铁杂质

砂大多是岩石破碎后的细小石英颗粒

组成地球岩石的矿物中 90% 含有硅。硅是一种普遍存在于地壳中的元素。几乎所有的硅矿物都是硅和氧的化合物，也就是硅酸盐矿物。最常见的硅酸盐矿物是组成成分为二氧化硅的石英。它也是**砂**中最常见的

物质。**紫水晶**是石英的一种。石英常见于花岗岩和砂岩等岩石中。蛋白石是一种有价值的硅石，用作宝石（宝石名称为欧泊）。用于制作陶和陶瓷的黏土也是硅酸盐物质。硅最重要的用途之一是制造电子元件。薄

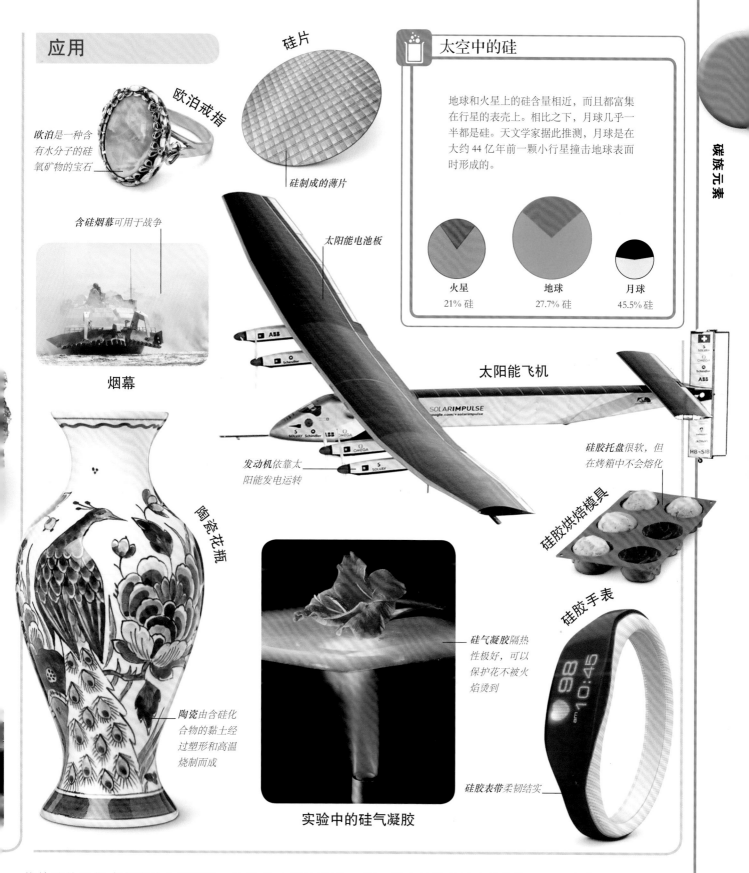

应用

欧泊戒指

欧泊是一种含有水分子的硅氧矿物的宝石

含硅烟幕可用于战争

烟幕

硅片

硅制成的薄片

陶瓷花瓶

陶瓷由含硅化合物的黏土经过塑形和高温烧制而成

太空中的硅

地球和火星上的硅含量相近，而且都富集在行星的表壳上。相比之下，月球几乎一半都是硅。天文学家据此推测，月球是在大约 44 亿年前一颗小行星撞击地球表面时形成的。

火星	地球	月球
21% 硅	27.7% 硅	45.5% 硅

太阳能电池板

太阳能飞机

SOLARIMPULSE
google.com/+solarimpulse

发动机依靠太阳能发电运转

硅胶托盘很软，但在烤箱中不会熔化

硅胶烘焙模具

硅气凝胶隔热性极好，可以保护花不被火焰烫到

硅胶手表

硅胶表带柔韧结实

实验中的硅气凝胶

薄的**硅片**是集成电路的主要部件。这种多功能的元素也被用来制造太阳能电池板，将太阳的光能转化为电能。人造二氧化硅被用来制造气凝胶，这是一种重量轻但坚韧的物质，不导热。因此，它被用来制造灭火服，防止消防员被火焰烧伤。另一种硅化合物是硅酮，硅酮橡胶（简称硅胶）可以被塑造成任何形状，应用范围也很广泛，既能制成**硅胶烘焙模具**，也能制成**硅胶手表**。

碳族元素

32 Ge 锗（zhě）

状态：固态
发现：1886 年

形态

锗石

这种硫化物矿物富含锗

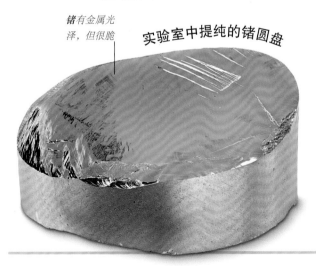

锗有金属光泽，但很脆

实验室中提纯的锗圆盘

应用

照相机镜头

镜头镜片中的二氧化锗使周围更大面积的光折射进入相机

由硅和锗制成的芯片

智能手机上的芯片

在木星的大气层中也发现了锗。

这种用锗制成的汽车传感器可以测量汽车与物体之间的距离

用锗制成的汽车传感器

这种准金属元素的英文名称"germanium"以德国（Germany）命名。1886 年，德国化学家克莱门斯·温克勒发现了它，证实了 15 年前俄国化学家德米特里·门捷列夫对它的存在和性质的预言。锗石是一种富含锗的矿物，但锗主要提取自银、铜和铅矿。它的一种化合物——二氧化锗，广泛用于照相机镜头。一些芯片和汽车巡航系统中的传感器上也使用了锗。

50 Sn 锡（xī）

状态：固态
发现：约公元前 2100 年

● 50　⊕ 50　○ 69

形态

锡石

晶体的黑色来自于铁杂质

实验室中提纯的金属锡样品

这种银白色金属易塑形

应用

闪闪发光的合金含有大约 90% 的锡

这个管风琴的大音管由锡和铅制成

洒水壶

钢表面镀锡可以提高抗腐蚀性

锡哨子

这个钢哨子表面的锡镀层可以防止生锈

白镴小雕像

管风琴

锡是人类最早使用的金属之一。5000 年前，人们就开始用锡和铜混合制成青铜，这种合金比纯锡或纯铜更坚固。**锡石**是提取锡的主要来源。锡的用途很多，例如制成壶等钢制品的锡镀层，可以防止钢被锈蚀。二氯化锡可用于制造染料。这种金属还可以制成其他坚硬的合金，如白镴和软锡焊合金。

82 Pb 铅 (qiān)

状态：固态
发现：古代

● 82 ⊕ 82 ○ 126

形态

铬铅矿

这种柔软易碎的矿物由铬酸铅组成

方铅矿

这种矿石有强金属光泽

棱柱状晶体含有硫铅化合物

铅钒

应用

这种玻璃因含有铅的氧化物而比一般玻璃更明亮

铅管

不易生锈的管子

含铅玻璃马克杯

在很长一段时间里，人们一直认为铅和锡是同一种金属的不同形式。

铅的元素符号"Pb"来源于拉丁文单词"plumbum"。这也是英文中水管工（plumber）一词的由来，因为在古罗马时代，水管是用这种柔软的金属制成的。铅以化合物形式存在于**铬铅矿、铅钒**和**方铅矿**中，而方铅矿是提取金属铅的主要来源。铅在过去被广泛使用，曾是油漆、染发剂和杀虫剂中的一种重要成分。历史上，铅最常见的用途是制造玻璃器皿。如今它的应用非常有限。铅能吸收辐射，因此可用铅容器来存放放

实验室中提纯的金属铅带

金属铅为深灰色

方铅矿上的**浅色晶体**是含钙的矿物

状态：固态
发现：1999 年

● 114　✛ 114　○ 175

这台机器通过用**钙离子撞击钚靶**合成出鈇。

粒子加速器，杜布纳联合核子研究所，俄罗斯

防水板，也称铅板，覆盖于屋顶裸露在外的角落，用于防水

防水板

射性物质。它也可以用于制造潜水时用的压铅、汽车电池和密封屋顶用的**防水板**。在发现铅有毒之后，人们不再大量使用它。

格奥尔基·弗廖罗夫

鈇的英文名称"flerovium"以苏联科学家格奥尔基·弗廖罗夫（Georgy Flerov）的名字命名。他建立了杜布纳联合核子研究所。这种元素最初是在该研究所的粒子加速器中产生的。鈇的放射性很强，其原子只能存在几秒，之后就会衰变。

熔化的铋凝固成
漏斗形晶体。

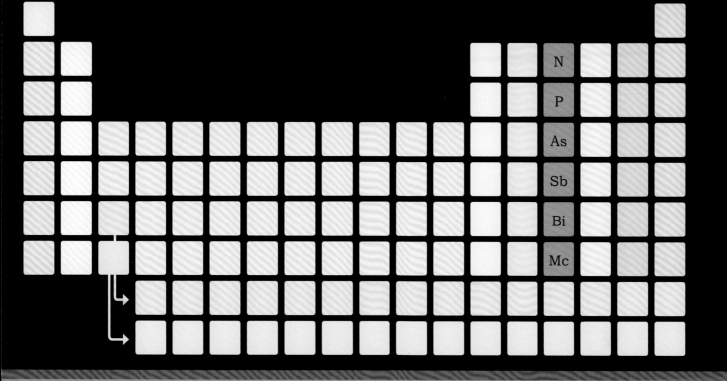

氮族元素

这一族的前 5 种元素都在自然界中存在，分为几种不同类型——非金属、准金属和金属，最后 1 种元素镆是人工合成的。在英语中，氮族元素除了被称为"nitrogen group"之外，还被称为"pnictogens"，源自希腊单词"pnígein"，意为"窒息"，指的是氮的某种形式可能有毒性。

原子结构

氮族元素原子的最外层有5 个电子，可以同时形成

物理性质

除氮以外的所有氮族元素均为固体。在这一列中，元素

化学性质

磷的化学性质活泼，它主要有 3 类同素异形体。其他元

化合物

氮族元素所有成员与 3 个氢原子反应都会形成活泼

7 N 氮 (dàn)

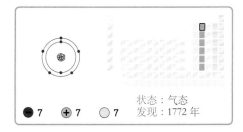

状态：气态
发现：1772 年

● 7　⊕ 7　○ 7

形态

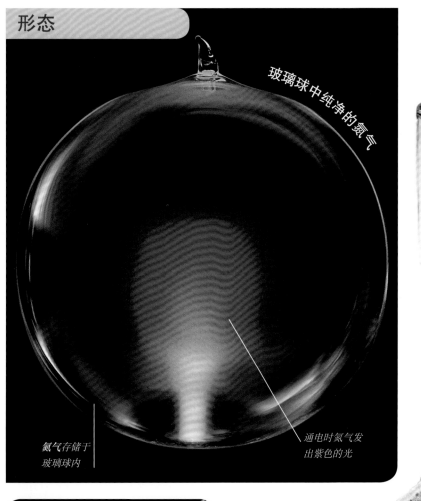

玻璃球中纯净的氮气

氮气存储于玻璃球内

通电时氮气发出紫色的光

液氮

土卫六

土星最大的一个卫星，大气中含有 48% 的氮

当氮的温度低于 -195℃ 时就会变成这种无色透明的液体

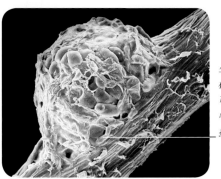

根瘤的显微图像

生长于植物根部的细菌可以从空气中获取氮，提供给植物

智利硝石

天然形成的硝酸钠结晶

氮一直包围着我们，这种透明气体的体积占地球大气体积的近 3/4。由于氮不易反应，液氮可以用来冷冻和保存血液和人体组织等。**智利硝石**是富含氮的矿物。一些氮化合物可以通过工业生产出来。氮的化合物可用于制造 TNT 和硝化甘油等炸药。当它们被点燃后，氮原子之间的化学键非常迅速地断裂，因此会发生爆炸。含氮的燃料，如硝基甲烷，可用于**短程高速赛摩托车**，这种燃料能提供比汽油等碳氢化合物燃料更多

应用

2,4,6-三硝基甲苯 (TNT) 在温度低于 240℃ 时不会发生爆炸

TNT

这个火星车利用 12 个以肼为燃料的推进器降落在火星上

"凤凰"号火星车

硝化甘油用于缓解心绞痛

硝化甘油喷雾

摩托车使用硝基甲烷作为强大的发动机的燃料

短程高速赛摩托车

含氮的偶氮染料常用于给纤维染色

纺织染料

强力胶中含有少量氮化合物

SUPER GLUE
NET WT. 0.11 OZ. (3g)

强力胶

硝态氮肥中含有硝酸铵,可以促进植物生长

氮肥

氮循环

氮是动植物生存所必需的。氮循环是氮不断地在大气和动植物之间进行循环的过程。

1. 闪电把空气中的氮转化成氮化合物,氮化合物溶于雨水之中,并随之降落到地面。

5. 细菌分解土壤中的氮化合物,将氮释放到空气中。

2. 土壤和植物根部中的细菌将空气中的氮转化为氮化合物。

3. 动物进食时吸收氮化合物,并通过排泄物将一部分氮化合物排出体外。

4. 蘑菇等菌物分解死去的植物和动物,将它们中的氮化合物释放回土壤中。

的动力。氮氢化合物肼可作为航天器(如"凤凰"号火星车)上推进器的燃料。一些氮化合物可用于制造染料和胶水。哈伯-博施法这种工业固氮技术可将氮气和氢气合成为氨气,液氨通常用于制造铵态氮肥。

与土壤混合之后,这些肥料可以促进植物生长。

短程高速赛

这些动力强劲的高速赛车沿着一条笔直的赛道向终点加速。它们强大的发动机里装有一种超强力燃料——硝基甲烷。这种超级燃料的燃烧速度比大多数汽车中使用的普通汽油快 8 倍，可使赛车的速度超过 480 千米 / 时。

硝基甲烷含有碳、氢和氮，但氮才是真正赋予这种燃料巨大能量的元素。在燃烧过程中，氧气与燃料在赛车强大的发动机中混合，硝基甲烷剧烈燃烧，产生氮气。这一化学反应释放能量，使赛车达到极快的速度。虽然这些比赛使人肾上腺素飙升，但由于这种情况下氮可能会引发爆炸，所以使用硝基甲烷作为燃料是危险的，赛车手们是在冒着生命危险比赛。

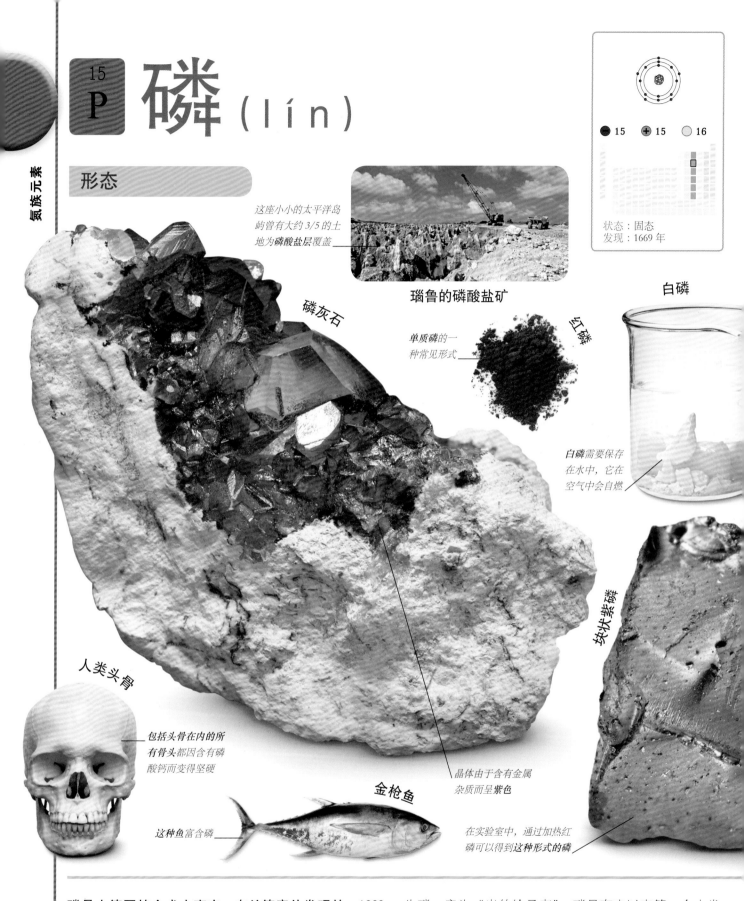

15 P 磷(lín)

形态

状态：固态
发现：1669 年

● 15 ✛ 15 ○ 16

这座小小的太平洋岛屿曾有大约 3/5 的土地为磷酸盐层覆盖

瑙鲁的磷酸盐矿

磷灰石

白磷

单质磷的一种常见形式

红磷

白磷需要保存在水中，它在空气中会自燃

块状紫磷

人类头骨

包括头骨在内的所有骨头都因含有磷酸钙而变得坚硬

金枪鱼

这种鱼富含磷

晶体由于含有金属杂质而呈紫色

在实验室中，通过加热红磷可以得到这种形式的磷

磷是由德国炼金术士亨宁·布兰德意外发现的。 1669 年，他在寻找神秘的"哲人石"（一种被认为可以使任何金属变成金子的物质）时煮了一大罐子的尿。尿蒸发之后，罐子里产生了一种神秘的发光物质，他称之

为磷，意为"光的给予者"。磷是有史以来第一个由发现者命名的元素。自然界中不存在游离状态的磷，磷元素存在于各种矿物中。磷有几种易燃的固体同素异形体，包括**红磷、白磷、黑磷**和**紫磷**。布兰德看到的

应用

生命的基础单元

脱氧核糖核酸（DNA）就像一个微型数据库，储存着指示人体正常运转的指令。它由一条分子链构成，看起来像一个扭曲的梯子，这种结构被称为双螺旋结构。"梯子"两边是相互连接的脱氧核糖和磷酸。

脱氧核糖　磷酸

这种轻巧结实的陶瓷中含有磷酸钙

陶瓷茶具

喷洒磷酸铵可以使燃烧的物质与氧气隔绝，从而起到灭火的作用

灭火器

安全火柴盒

火柴盒侧面的磷面含有磷，火柴在上面划过就可以被点燃

向农作物喷洒磷化合物可以消灭害虫

杀虫剂

这些有韧性的纤维由富含磷的玻璃制成

光纤

肥料

含有磷酸铵的肥料可以使植物茂盛生长

光是由白磷与氧气反应产生的。磷主要存在于磷酸盐矿物（含有磷和氧）中，如提取磷的主要矿石**磷灰石**。细瓷中含有磷酸盐，同时磷酸盐也是肥料的重要成分。**安全火柴盒**两侧的磷面上有单质磷。杀虫剂中使用了更复杂的磷化合物，具有毒性。

氮族元素

159

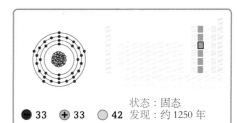

33 As 砷 (shēn)

状态：固态
● 33 ⊕ 33 ○ 42　发现：约 1250 年

形态

植物从土壤中吸收砷

蕨类草

雌黄

实验室中提纯的砷样品

金属光泽

19 世纪，这种矿石被人们磨成粉，作为颜料

这种矿石可存在于温泉沉积物中

雄黄

应用

子弹头由砷和铅的合金制成

子弹

这种有毒的砷化合物可以杀死老鼠

老鼠药

加热后，砷**不会熔化**，而是会变成气体。

汽车电池

电池的**电极**中含有砷

砷常被称为"**万毒之王**"。任何形式的砷，无论是单质砷还是砷化合物，对动物来说都是有毒的。事实上，人们使用砷制成毒药的历史已经有几个世纪了。这种准金属存在于多种颜色鲜艳的矿物中，其中就有**雌黄**。

天然的单质砷有光泽，呈灰色。砷化合物被用来制造**老鼠药**。如今砷的主要用途是强化铅。通过混合砷和铅可以制成坚韧的合金，常用于制造**汽车电池**。

51 Sb 锑（tī）

状态：固态
发现：约公元前1600年

● 51　⊕ 51　◯ 71

氮族元素

形态

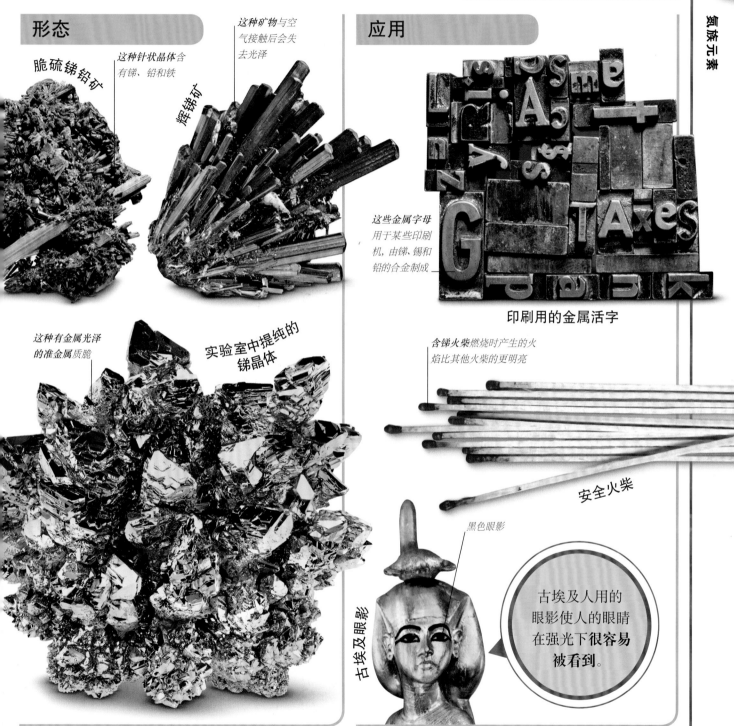

脆硫锑铅矿

这种针状晶体含有锑、铅和铁

辉锑矿

这种矿物与空气接触后会失去光泽

这种有金属光泽的准金属质脆

实验室中提纯的锑晶体

应用

这些金属字母用于某些印刷机，由锑、锡和铅的合金制成

印刷用的金属活字

含锑火柴燃烧时产生的火焰比其他火柴的更明亮

安全火柴

黑色眼影

古埃及眼影

古埃及人用的眼影使人的眼睛在强光下很容易被看到。

锑的英文名称"antimony"来源于希腊单词"anti-monos"，意为"不孤单"。这可能是指在自然界中未发现这种元素的纯净形式，锑总是与铅等重金属形成化合物。锑的元素符号"Sb"来源于拉丁文中表示古埃及人用的眼影的单词"stibium"。这种眼影是用辉锑矿粉末制成的。**辉锑矿**是提取锑最主要的来源。单质锑主要用于制造坚硬的合金，如某些印刷机使用的金属活字。

状态：固态
发现：约1500年

● 83　⊕ 83　○ 126

83 Bi 铋（bì）

氮族元素

形态

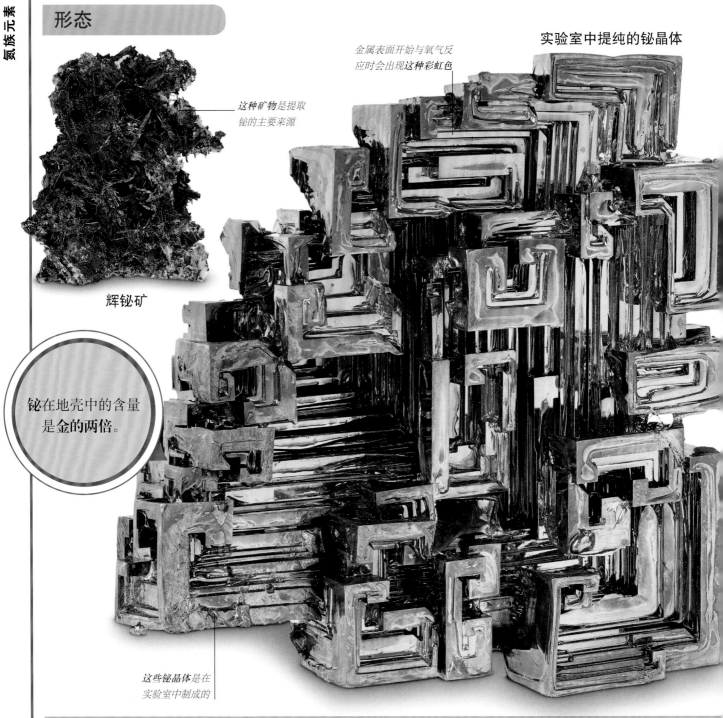

实验室中提纯的铋晶体

金属表面开始与氧气反应时会出现这种彩虹色

这种矿物是提取铋的主要来源

辉铋矿

铋在地壳中的含量是金的两倍。

这些铋晶体是在实验室中制成的

铋是一种放射性元素，但它的原子相对稳定，可以存在几百万年。几个世纪以前，人们就知道铋。南美洲的印加人把它添加到青铜中，使武器变得更加坚固，而古埃及人用铋矿物使化妆品闪闪发光。金属铋在空气中形成一种氧化物，从而出现彩虹色的漏斗状晶体。铋的质地很脆，单质形式的用途很少。铋制成的黄色色素可以用于制造颜料和化妆品。一些药物中也含有铋化合物。铋和锡的合金是制造自动喷水灭火装置的

应用

冷藏箱中的碲化铋通电时会降温，为箱中的物品制冷

便携式冷藏箱

铋化合物使**指甲油**具有珍珠般的光泽

黄色指甲油

含有铋化合物的**消化药**可以治疗消化功能紊乱

消化药

不同于其他大部分元素，液态的铋比固态的铋**密度更大**。

重要成分。

镁（mò）

状态：固态（推测）
● 115 ⊕ 115 ○ 174　发现：2004 年

研究所中的一台机器

杜布纳联合核子研究所，俄罗斯

这种很重的人造重元素迄今只获得了大约 100 个原子。俄罗斯的杜布纳联合核子研究所首次合成出镁。俄罗斯科学家尤里·奥加涅相领导的团队用钙离子撞击镅靶合成出了镁原子。它的英文名称"moscovium"以俄罗斯的首都莫斯科（Moscow）命名。这种元素具有极强的放射性，原子在一秒内就会衰变。科学家们猜想镁可能是致密的固态金属，但这么少量的样品只允许他们在衰变前测量出原子的大小。

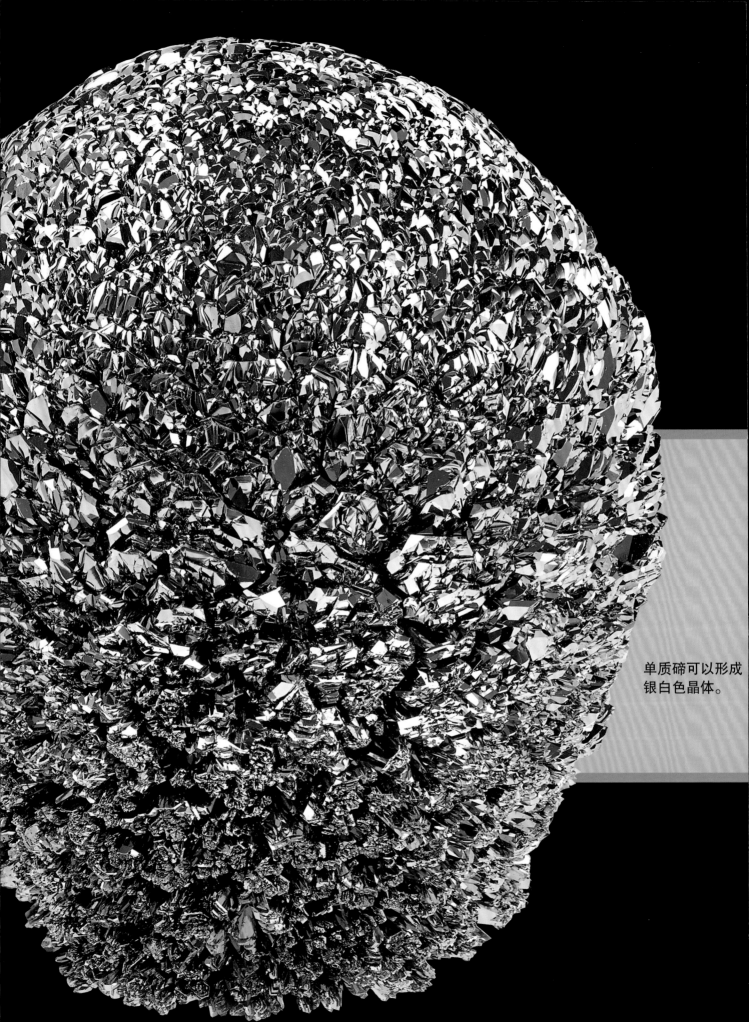

单质碲可以形成
银白色晶体。

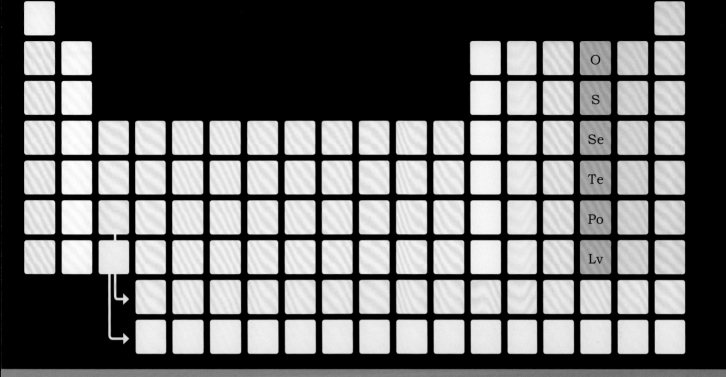

氧族元素

该族元素中不包含任何在自然界中存在的金属。前两个成员——氧和硫，是自然界中普遍存在的非金属。接下来的 3 种元素是准金属。只有人工合成的元素𬭶，被认为是金属，但是科学家们也并不确定。

原子结构

氧族元素原子的最外层都

物理性质

该族成员除了氧在室温下

化学性质

该族元素从上到下，化学

化合物

这些元素彼此可形成化合

8 O 氧（yǎng）

状态：气态
发现：1774 年

● 8 ✚ 8 ○ 8

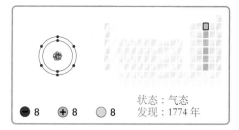

形态

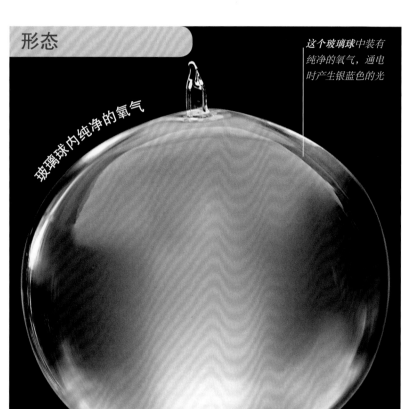

玻璃球内纯净的氧气

这个玻璃球中装有纯净的氧气，通电时产生银蓝色的光

空气中的氧原子被太阳的高能粒子撞击时，天空出现发光现象

北极光

植物通过光合作用释放氧气

氧气与木材等燃料发生反应时产生火焰

火

向日葵

每个水分子都有两个氢原子和一个氧原子

水

什么是燃烧？

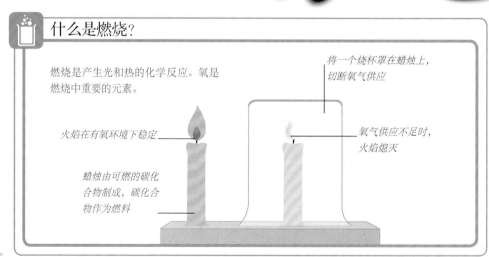

燃烧是产生光和热的化学反应。氧是燃烧中重要的元素。

将一个烧杯罩在蜡烛上，切断氧气供应

火焰在有氧环境下稳定

氧气供应不足时，火焰熄灭

蜡烛由可燃的碳化合物制成，碳化合物作为燃料

氧是地壳中最丰富、分布最广的元素。地球上几乎一半的岩石和矿物都由氧及其化合物组成。氧气大约占大气的 1/5。氧气是透明的气体。地球上生命的生存有赖于氧气。动物吸入空气，以获取其中的氧气。然后，体内的细胞用氧气分解糖类，释放能量，给身体提供动力。氧还参与燃烧反应，其中氧与燃料反应并产生**火**。氧也可以与其他元素反应，生成氧化物。植物的光合作用可以补充氧气，植物通过这个过程释放新鲜的氧

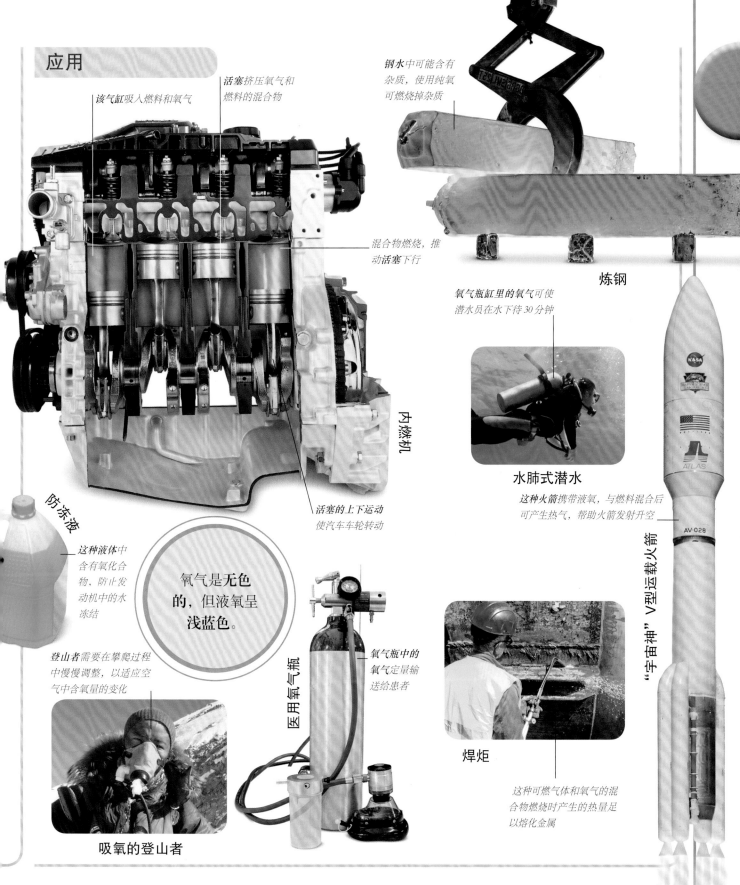

应用

该气缸吸入燃料和氧气

活塞挤压氧气和燃料的混合物

钢水中可能含有杂质，使用纯氧可燃烧掉杂质

混合物燃烧，推动**活塞**下行

炼钢

内燃机

防冻液

这种液体中含有氧化合物，防止发动机中的水冻结

氧气瓶缸里的氧气可使潜水员在水下待30分钟

活塞的上下运动使汽车车轮转动

水肺式潜水

这种火箭携带液氧，与燃料混合后可产生热气，帮助火箭发射升空

氧气是无色的，但液氧呈浅蓝色。

登山者需要在攀爬过程中慢慢调整，以适应空气中含氧量的变化

医用氧气瓶

氧气瓶中的氧气定量输送给患者

焊炬

这种可燃气体和氧气的混合物燃烧时产生的热量足以熔化金属

"宇宙神" V型运载火箭

吸氧的登山者

气。汽车发动机燃烧汽油或其他燃料提供动力。氧在
炼钢的过程中也起到重要作用。氧气罐可以使登山者
在含氧量低的环境中轻松呼吸。**"宇宙神"V型运载火
箭**等火箭携带液氧，从而使燃料在真空环境下燃烧。

16 S 硫 (liú)

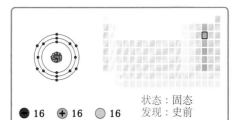

状态：固态
发现：史前

● 16　＋ 16　○ 16

形态

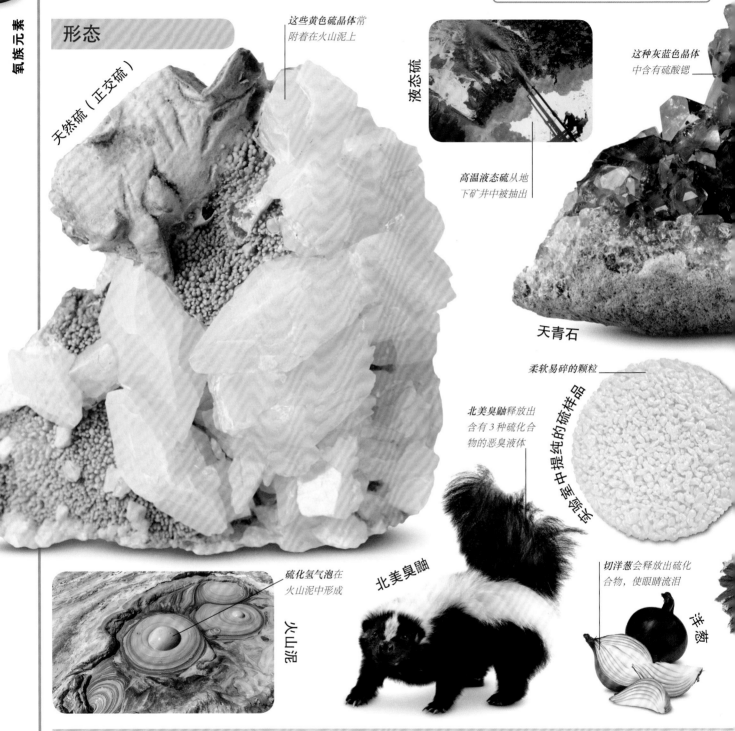

这些黄色硫晶体常附着在火山泥上

天然硫（正交硫）

液态硫

高温液态硫从地下矿井中被抽出

这种灰蓝色晶体中含有硫酸锶

天青石

柔软易碎的颗粒

北美臭鼬释放出含有 3 种硫化合物的恶臭液体

从富氢室中提纯的硫样品

北美臭鼬

硫化氢气泡在火山泥中形成

火山泥

切洋葱会释放出硫化合物，使眼睛流泪

洋葱

人类自古就知道，硫是少数几种在自然界中存在的非金属之一。这种黄色晶质元素大量存在于火山口附近。硫在古代被称为硫黄。它的晶体燃烧时，熔化成血红色的液体，因此有的宗教认为这种物质是地狱之火所用的燃料。可用热水熔化地下沉积硫，随后再将高温**液态硫**抽送到地面，制取单质硫。该元素是**天青石**等许多矿物的常见成分。许多硫化合物的味道都很难闻。例如，火山口散发出的臭鸡蛋味来自于硫化氢气体。其他例子还有

应用

通过加热硫和天然
橡胶制成的硫化橡
胶具有更好的性能

保存干果

燃烧时，蜡烛里
的硫可驱赶害虫

DeadFast
GREENHOUSE
SULPHUR CANDLE
• GREENHOUSE
  DISINFECTANT
• TREATS A STANDARD
  3m × 2m GREENHOUSE

含硫蜡烛

一些干果用硫化
合物的粉末保存

硫化橡胶轮胎

酸雨

燃料燃烧产生的二氧化硫气体溶解在雨水中，
形成硫酸，降落到地面就形成酸雨。

3. 二氧化硫与
云中的水混合，
形成硫酸。

2. 风携带污染物。

1. 发电厂燃烧煤，
释放二氧化硫。

4. 酸雨腐蚀建
筑物，并对植
物造成伤害。

6. 它也使河流
和湖泊酸化。

5. 酸雨改变土壤
的化学组成。

含有硫化合物的面霜
可为皮肤消毒

Clearasil
ULTRA
Deep Pore
Treatment Scrub
100%
Fights 100% of spots

铅酸蓄电池

这种电池中有浓硫酸

润肤精

这种植物散
发出腐烂的
气味，吸引
食肉昆虫

巨魔芋

青霉素

一些抗生素含有硫化合
物，可以杀死有害细菌

酸雨通过淋溶土
壤和树叶中的养分造
成对森林的破坏。

酸雨造成的损害

这个石灰石雕像
已被酸雨侵蚀

氧族元素

北美臭鼬喷出的液体，切碎的洋葱散发出的气味，以及
巨魔芋的气味。这种非金属有很多用途。其化合物可强
化制造轮胎使用的天然橡胶，保存干果，以及制备电池
中的强酸。含硫化合物具有抗菌性，被用于制造青霉素

等抗生素。

169

达纳基尔洼地

非洲达纳基尔洼地的热泉被硫形成的黄色硬壳包围。东非的埃塞俄比亚和厄立特里亚之间的凹陷区域是一片荒凉的火山区，这里有正在喷发的火山、干旱的沙漠、沸腾的泥浆以及由于含有硫和许多盐类矿物而形成的颜色特别的水池。

达纳基尔洼地是地表最低点之一，处在海平面100多米以下。该区域很少降雨，天气炎热干燥，温度在50℃以上。洼地里的热泉涌出滚烫的绿色泉水，其中含有硫和一种有毒的硫化合物——硫酸。水蒸发后，含硫沉积物在水池边缘积聚，成为壮丽景观中的美丽花纹。虽然该地区的恶劣环境使其拥有"地球上最恶劣之地"的称号，但仍然有许多游客慕名而来，参观达纳基尔非凡的自然景观。

34 Se 硒 (xī)

状态：固态
发现：1817 年
● 34　⊕ 34　○ 45

形态

这种形态的硒表面有金属光泽

实验室中提纯的灰硒块

巴西果
这些坚果富含硒

这些深色斑块中含有硒和铜

硒铜矿

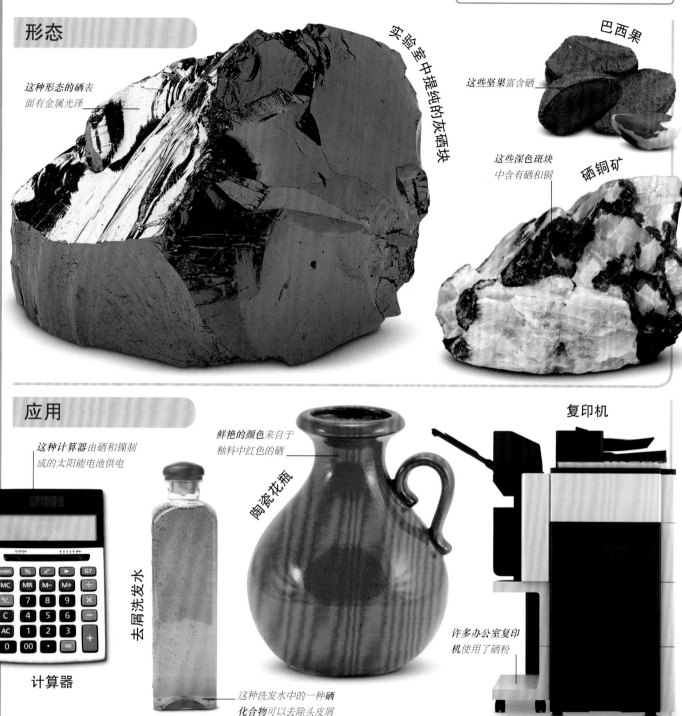

应用

这种计算器由硒和镍制成的太阳能电池供电

鲜艳的颜色来自于釉料中红色的硒

陶瓷花瓶

复印机

去屑洗发水

这种洗发水中的一种硒化合物可以去除头皮屑

许多办公室复印机使用了硒粉

计算器

硒的英文名称"selenium"以希腊神话中月亮女神塞勒涅（Selene）的名字命名。该元素是准金属元素，性质介于金属和非金属之间。硒有两种主要的单质形式：坚硬的灰硒和柔软的粉状红硒。硒最常见的用途是作为着色剂添加到玻璃和陶瓷中。硒对光敏感，因此可用于制造太阳能电池，将光能转化为电能。它还用于制成**复印机**中的硒鼓。

52
Te 碲（dì）

状态：固态
● 52　⊕ 52　○ 76
发现：1783 年

形态

碲镍矿

> 这种矿物是软而致密的固体

针碲金银矿

> 金属部分含有碲、金和银

> 这种准金属能形成银白色晶体

实验室中提纯的碲晶体

应用

光导纤维

> 这些玻璃纤维中含有碲

> 这种深红色来自于碲

红色玻璃瓶

> 碲可以**保护青铜**，使其在空气中**不易被腐蚀**。

黄玉太阳能光伏电站，加利福尼亚州，美国

> 太阳能电池板与含碲的电池相连

碲是地球上最稀少的 10 种元素之一。其英文名称"tellurium"来源于拉丁文单词"tellus"，意为"地球"。该元素经常以镍等其他元素的碲化合物形式存在，例如**碲镍矿**。提炼铅和铜时，碲可作为副产品产出。单质碲以两种形式存在：银白色、有金属光泽的块状固体和深灰到棕色的粉末。该元素主要用于制造**光导纤维**的玻璃，这种玻璃纤维传送大容量信息的速度比铜缆快得多。

84 Po 钋 (pō)

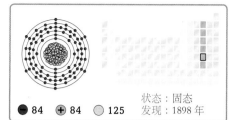

状态：固态
发现：1898 年

● 84　+ 84　○ 125

形态

> 这种铀矿物中含有 0.0000001% 的钋。

晶质铀矿

这种矿物含有铀原子，铀可以衰变成钋

应用

防静电毛刷

这种刷子用于给照相机镜头和唱片去除静电

内部的钋被点燃时，这颗原子弹就会爆炸

原子弹

这个无人驾驶月面巡回器在月球表面上时，由内部的钋产生热量保持温度

"月球车" 1号

钋有较强的放射性：1 克的钋发出的辐射可使其迅速升温到 500℃。该元素由居里夫妇在 1898 年发现。该元素的英文名称 "polonium" 由玛丽·居里以她的祖国波兰（Poland）命名。钋在自然界中很罕见，通常在核反应堆中产生。虽然该元素具有放射性，但它还是可以被应用到一些领域。例如，它可作为原子弹的引爆材料。它还可以作为航天器的热源，如 20 世纪 70 年代苏联送上月球的 "月球车" 1号。

116 Lv 铊 (lì)

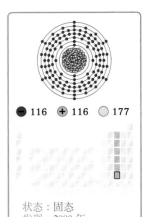

● 116　⊕ 116　○ 177

状态：固态
发现：2000 年

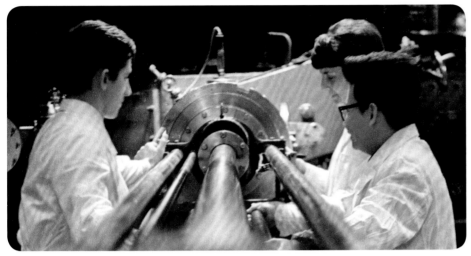

重离子加速器，杜布纳联合核子研究所，俄罗斯

铊的英文名
称 "livermorium" 以
这个实验室的名字
（Livermore）命名。

劳伦斯·利弗莫尔国家实验室，加利福尼亚州，美国

铊原子在 2000 年首次产生，但在几分之一秒内就发生
了衰变。俄罗斯的**杜布纳联合核子研究所**首次成功合
成出该原子。该团队使用的材料由美国加利福尼亚州
的**劳伦斯·利弗莫尔国家实验室**提供。这种放射性很
强的元素是在粒子加速器中用钙离子撞击铜靶产生的。

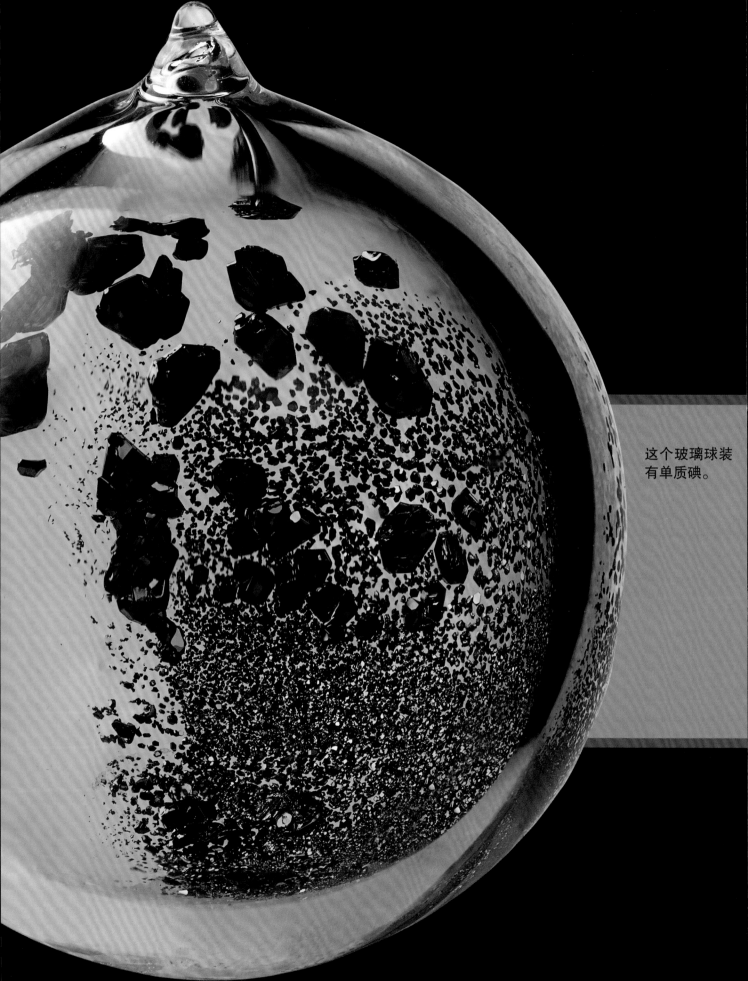

这个玻璃球装有单质碘。

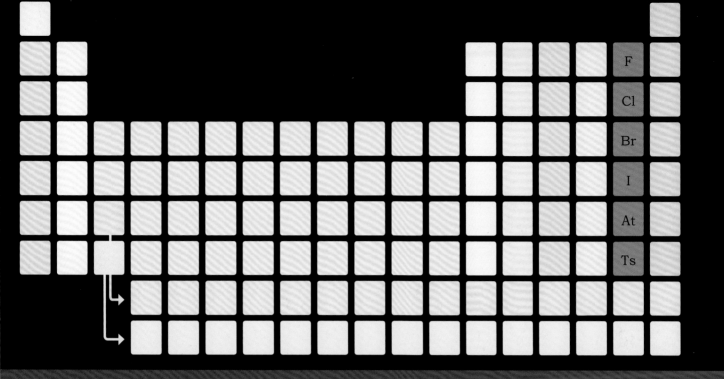

卤族元素

卤族元素（简称卤素）是元素周期表中比较活泼的一族。它们的单质是非金属。这一族的英文名称"halogen"意为"盐的前身"，指该族元素与金属反应生成盐类物质，例如俗称食盐的氯化钠。科学家们对人工合成的卤素——砝还不是很了解。

原子结构

卤素原子的最外层有 7 个电子。因此，原子的最外层

物理性质

溴是卤素中唯一的液体。氟和氯是气体，碘和砹是

化学性质

每个卤素原子从其他原子那里接收 1 个电子，形成化合

化合物

卤素与氢反应，形成酸性化合物。卤素化合物可用

9 F 氟（fú）

状态：气态
发现：1886年
● 9　＋ 9　○ 10

实验室中的样品

形态

这种较软的矿物质脆，容易碎成很多片

冰晶石

这个密封容器中装有氟和氖的混合物

黄玉（topaz）一词在古印度的梵文中意为"火"。

这些立方体晶体呈绿色是因为含有杂质

黄玉

萤石

这种珍贵的矿物中含有 20.7% 的氟

这种元素非常活泼，单质氟相当危险——人体吸入少量的氟就会死亡。氟是一种浅黄色气体，与砖、玻璃和钢反应时，可直接将它们烧穿。单质氟非常危险，通常被存储在镍合金容器中，可防止它与容器发生反应。**冰晶石**和**萤石**等矿物中都包含该元素。氟气和危害较小的氟化合物用途广泛。氢氟酸是一种有毒的液体，可用于蚀刻玻璃，一些玻璃瓶上可看到用它蚀刻出来的花纹。一些陶瓷制品上涂有含氟矿物制成的釉

应用

这些**断路器**中含有氟和硫的化合物，紧急情况下可切断电力供应

断路器

蚀刻玻璃花瓶

这些图案由酸性氟化合物在玻璃表面烧蚀而成

陶瓷罐

这个陶瓷罐上涂层的光泽来自于含氟的釉料

PTFE由于具有耐热性，被美国国家航空航天局用于制造宇航服。

这个锅上有耐热的 PTFE 涂层

不粘锅

这种注射用的富含氟的液体可以通过输送氧气来治疗组织损伤

OXYCYTE
60% W/V PERFLUOROCHEMICAL EMULSION
110 ML, 05RD02
CAUTION: INVESTIGATIONAL NEW DRUG FOR
BENCH TESTING ONLY. NOT FOR USE IN HUMAN
SYNTHETIC BLOOD INT'L, INC., COSTA MESA, D...

奥克西赛特
(第三代氟碳代血浆)

一些牙膏含氟，可加固牙釉质

牙膏

富含氟的塑料衣服可以防水

防水的衣服

亨利·穆瓦桑

19 世纪初，欧洲的化学家就意识到萤石等矿物中含有未知元素。然而，直到 70 年之后，法国化学家亨利·穆瓦桑才通过一系列危险的实验提取到纯净的氟。他还在实验中中了几次毒。

料。加热时，这些釉料会释放出氟，使下层的陶瓷变硬。另一种被称为聚四氟乙烯（PTFE）的聚合物常用于制造**不粘锅**。这种光滑的材料可防止食物在烹饪时粘在锅上。用 PTFE 制成的轻薄材料可用于制作轻便、**防水**的衣服。氟化合物最常见的用途之一是制造牙膏，可增强牙齿的抗腐蚀能力。

卤族元素

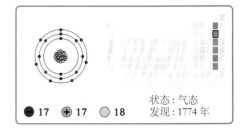

17
Cl
氯（lǜ）

状态：气态
发现：1774年
17 17 18

形态

这种橙黄色来自于赤铁矿杂质

岩盐

立方体晶体

光卤石

红色来自于其中的杂质

这种树蛙的皮肤上有氯化合物

红眼树蛙

纯净的氯气被储存在这个玻璃球中，以防氯气与空气发生反应

玻璃球中纯净的氯气

纯净的氯气比空气重

氯的英文名称"chlorine"来源于希腊单词"chloros"，意为"黄绿色"，得名于氯气的黄绿色。氯气是非常活泼的气体，可形成大量化合物，在自然界中几乎不存在游离状态的氯。最常见的氯化合物是氯化钠，在自然界以**岩盐**的形式存在。氯化合物对人体很重要，我们的肌肉和神经都需要氯化合物才能正常工作。人的汗液中也存在氯化合物。单质氯有毒。氯气在第一次世界大战中被当作武器使用，士兵们必须戴上面具防

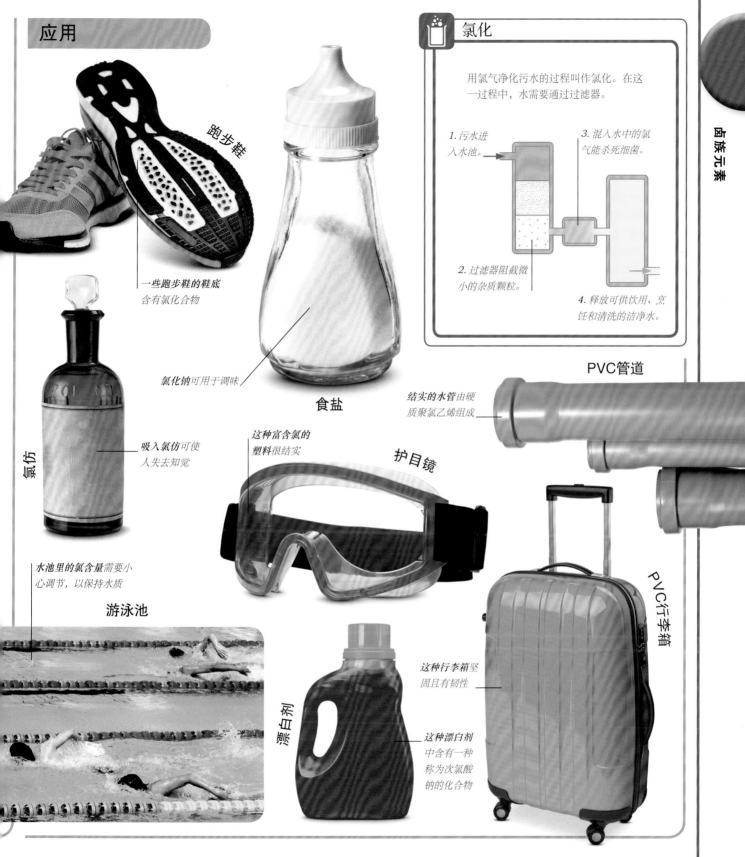

应用

跑步鞋

一些跑步鞋的鞋底含有氯化合物

氯仿

吸入氯仿可使人失去知觉

氯化钠可用于调味

食盐

这种富含氯的塑料很结实

护目镜

水池里的氯含量需要小心调节，以保持水质

游泳池

漂白剂

这种漂白剂中含有一种称为次氯酸钠的化合物

氯化

用氯气净化污水的过程叫作氯化。在这一过程中，水需要通过过滤器。

1. 污水进入水池。

2. 过滤器阻截微小的杂质颗粒。

3. 混入水中的氯气能杀死细菌。

4. 释放可供饮用、烹饪和清洗的洁净水。

PVC管道

结实的水管由硬质聚氯乙烯组成

PVC行李箱

这种行李箱坚固且有韧性

御。如今，氯的应用很广泛。它的化合物被用于制造从**跑步鞋**到**氯仿**等各种各样的物品。氯与氢反应生成的盐酸是一种工业清洁剂。这种具有腐蚀性的液体可与大多数金属反应，并释放出氢气。人们使用次氯酸这种弱酸来为**游泳池**中的水消毒，**漂白剂**和其他清洁剂中也含有氯化合物，可以杀死细菌。聚氯乙烯（PVC）是使用最广泛的塑料之一，其中含有氯。它是一种坚韧的塑料，许多坚固的物品都由它制成。

净化海洋

氯是清洁产品中常见的成分，从清洁浴室瓷砖到清洁海床都少不了它。这些潜水员正在用氯化合物的粉末去除地中海的有害海藻。这种绿色海藻生长迅速，可能会从其他海洋植物那里夺取必需的营养而使它们死亡。一些鱼吃了这种有毒海藻也会中毒。

两名潜水员在清洁过程中会用到两次氯。首先，他们用结实的含氯PVC塑料板盖住厚厚的海藻。然后，他们在板子下面加入钠和氯的化合物次氯酸钠。这种强大的液体漂白剂会杀死需要去除的海藻。几周后潜水员返回，移除PVC塑料板。入侵的海藻将不会再生，海床上的植物将逐渐恢复。氯的化学性质非常活泼，会损害人的皮肤和其他身体部位。对于潜水员来说，橡胶潜水服可以很好地保护他们不受到伤害。

35 Br 溴（xiù）

形态

状态：液态
● 35　✚ 35　○ 45　发现：1826 年

溴蒸气

这种密封的玻璃容器
可防止溴蒸气逸出

玻璃球中的单质溴

溴化钾

液态溴呈暗红棕色

溴的英文名
称"bromine"来源
于希腊单词"bromos"，
意为"臭味"，因其
散发出的浓烈气味
而得名。

在常温、常压下，溴是唯一的液态非金属元素。人体吸入浓溴蒸气非常危险。自然界中不存在游离状态的溴。溴化合物易溶于水中，它们溶解在海水和极咸的湖水中，例如中东的死海。水蒸发之后，包括**溴化钾**在内的固体溴盐聚集，留下白色的晶体层。随后人们就可以从这些固体盐类中提取出溴。该元素常用作清洁水的消毒剂。因为氯容易从温水逸出到空气中去，所以溴在热水中的清洁能力比氯好。游泳池中溴的浓

应用

19 世纪晚期，这种溴盐 被用来帮助患者入睡

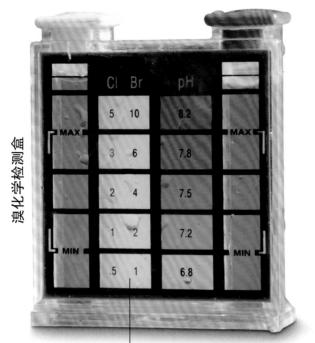

溴化学检测盒

检测盒上的颜色 *可以指示水中的溴含量*

	Cl	Br	pH	
MAX	5	10	8.2	MAX
	3	6	7.8	
	2	4	7.5	
	1	2	7.2	
MIN	.5	1	6.8	MIN

溴在第一次世界大战中被用作**武器**。

灭火器

这种灭火器使 用富含溴的不可燃气体灭火

照片底片

光与溴化银反应生成**图像**

防火服用含有溴化合物的**材料**制成，可防火

防火服

溴盐 沿以色列海岸结成盐层

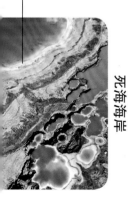

死海海岸

👓 安托万-热罗姆·巴拉尔

1826 年，法国化学家安托万 - 热罗姆·巴拉尔发现了溴。他加热地中海海水，在大部分水蒸发后，他给剩余的盐水通入氯气。溶液变成棕红色。这种棕红色物质就是溴。

度可用化学检测盒调节。溴化合物可用于胶片摄影，底片上的化学物质可使图像显影。因为溴不易燃，所以曾经被用于制造防火材料，制成消防员**防火服**或者家具。

53 I 碘 (diǎn)

状态：固态
发现：1811 年

— 53　+ 53　○ 74

形态

玻璃球中的单质碘

这个密封的玻璃容器可防止碘和空气反应

紫色的碘蒸气

紫黑色的固态碘

固态碘加热时**不会熔化**，而是直接变成蒸气。

螃蟹

螃蟹能从海水中吸收碘

应用

印刷油墨

这些彩色的墨水用碘化合物制成

偏光太阳镜

这些镜片中含有碘，可过滤掉刺眼的反射光

罐装樱桃

这些樱桃鲜艳的红色是用含碘的色素染成的

这种消毒剂用于防止伤口感染

聚维酮碘溶液

Betadine® dermique 10%
Solution pour application locale
MEDA Pharma　08920.3　10 ml

碘在常温、常压下是固体。 加热碘会产生紫色蒸气。它的英文名称 "iodine" 来源于希腊单词 "iodes"，意为 "紫色"，正是得名于这种气体的颜色。碘最初在海藻中被发现，海洋中的许多动植物体内都含有大量的碘。**螃蟹** 和鱼等海鲜是我们摄取碘的主要来源。人体需要少量碘来形成一种叫作甲状腺素的重要物质，可以促进人体的新陈代谢。碘也可用于制造**印刷油墨**、红色和棕色的食用色素，以及消毒剂。

85 At 砹（ài）

砹原子不稳定，通常在几个小时内就会衰变成铋等质量较轻的元素。这种放射性元素本身也是以这种方式形成的，它由质量较重的元素钫衰变得来。**晶质铀矿**等铀矿石中发现存在少量该稀有元素。意大利物理学家埃米利奥·塞格雷是最先分离出单质砹的科学家之一。他是用粒子加速器做到的。

● 85 ⊕ 85 ○ 125
状态：固态
发现：1940 年

在这种矿物中，不稳定的钍原子衰变形成砹原子

晶质铀矿

117 Ts 础（tián）

核反应堆，橡树岭国家实验室，田纳西州，美国

础原子形成后只能存在几秒。

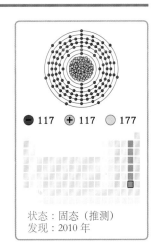

● 117 ⊕ 117 ○ 177
状态：固态（推测）
发现：2010 年

础是元素周期表中最年轻的元素。它于 2010 年在俄罗斯的杜布纳合成出来。该元素的英文名称 "tennessine" 以美国田纳西州（Tennessee）命名，**橡树岭国家实验室**就建在这里。实验室中有一个最早建设的大型核反应堆。至今只产生了极少量该卤族元素的原子。即便如此，科学家们已经预测，它是一种准金属，而不像其他卤素那样是非金属。

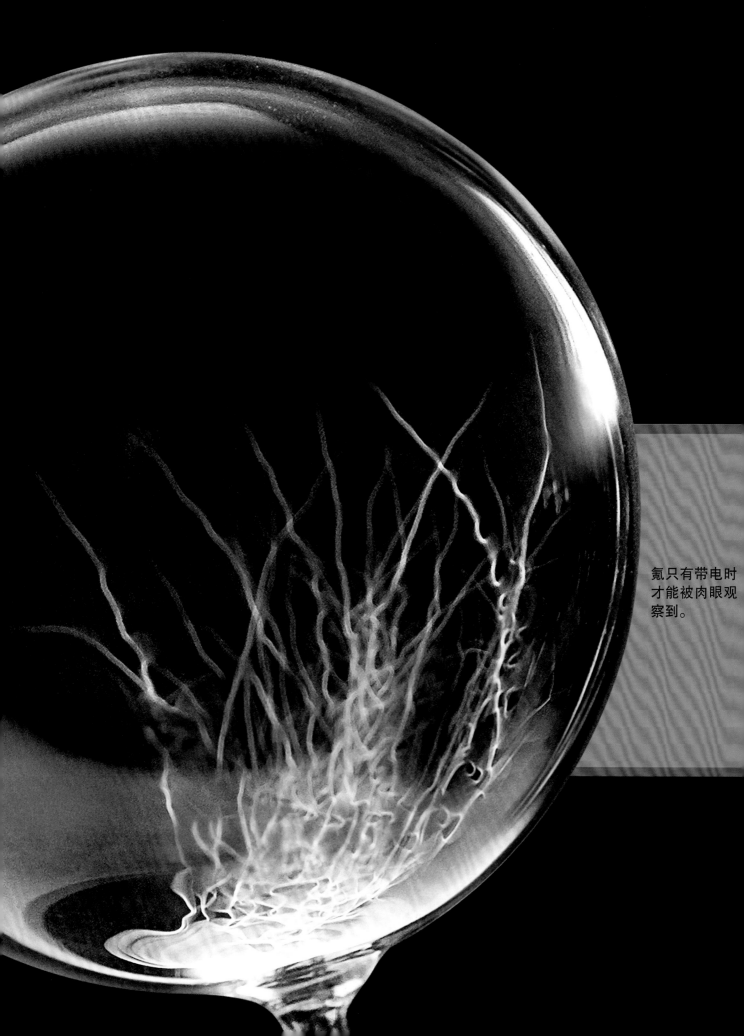

氪只有带电时
才能被肉眼观
察到。

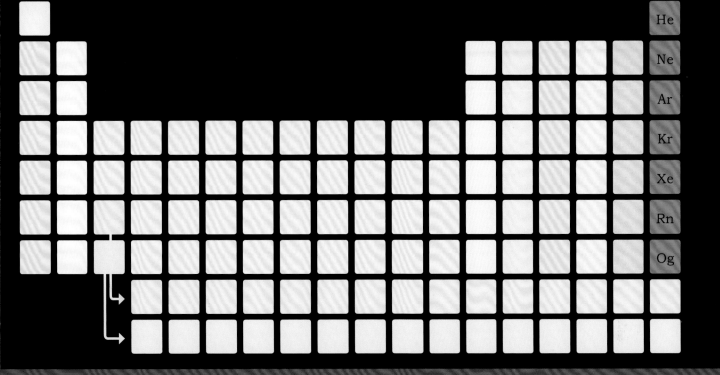

稀有气体元素

元素周期表最右边的一族是稀有气体元素。这些元素之所以还被称为"惰性气体"，是因为它们不与其他"常见"元素（例如氧）发生反应。它们的原子在自然界中从不形成化学键，甚至也不与自己的原子成键，因此它们在室温下总是气体。

原子结构

除了氦原子的最外层有 2 个电子之外，该族的其他元素原子的最外层都有 8 个电子。

物理性质

该族的所有成员都是无色气体。该族元素的密度从上到下递增。氡的密度是氦的 54 倍。

化学性质

惰性气体在自然界中从不发生反应。在实验室中，较重的惰性气体可与氟强制生成化合物。

化合物

这些气体不主动生成化合物。不过，可以通过人为干预使氪、氙和氡形成化合物。

He ² 氦 (hài)

状态：气态
发现：1868 年
● 2 ➕ 2 ○ 2

形态

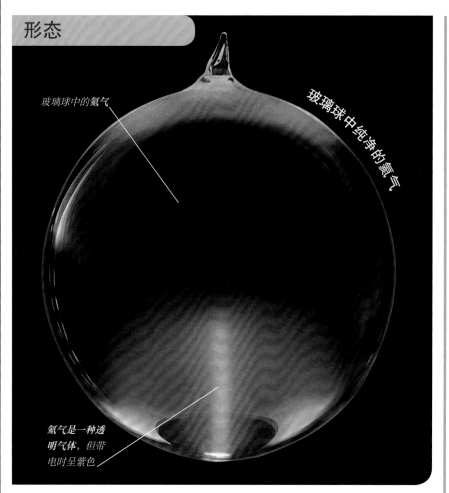

玻璃球中的氦气

玻璃球中纯净的氦气

氦气是一种透明气体，但带电时呈紫色

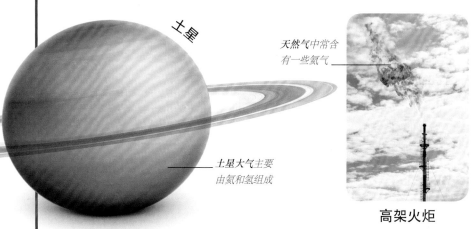

土星

土星大气主要由氦和氢组成

天然气中常含有一些氦气

高架火炬

应用

粒子加速器是一种能将粒子撞击在一起的机器，这个机器利用液氦为部件降温

大型强子对撞机，欧洲核子研究组织，瑞士

用氦冷却的磁共振扫描仪

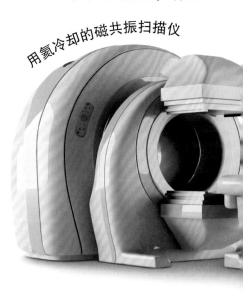

氦是仅次于氢的第二轻的元素。这种元素最初于 1868 年由天文学家发现。现在我们知道宇宙中 1/4 的原子都是氦原子。氦气是**土星**等气体巨行星大气中的主要气体之一。氦气非常轻，因此在地球上非常罕见，它很容易从地球大气逸入太空。直到 1895 年，化学家才设法从放射性铀矿物——晶质铀矿中收集到氦气。如今，人们主要从地下水库，或者天然气和石油中收集氦。与非常活跃的氢不同，氦是惰性气体，基本不

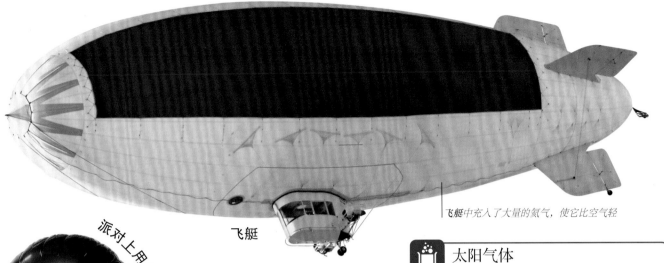

飞艇中充入了大量的氦气，使它比空气轻

飞艇

派对上用的气球

氦离子显微镜

这种气球中充满了氦气和空气的混合物

这台功能强大的显微镜比大多数显微镜能放大更多的细节

这种高速列车用到了一对磁体，一个用来使列车向前移动，另一个使列车漂浮在轨道上

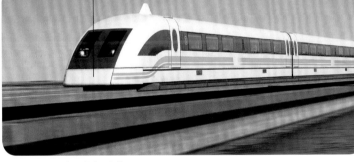

磁悬浮列车

这个机器用来扫描患者的器官

氦是所有元素中**熔点最低**的元素。

太阳气体

1868 年日全食（月亮转动到太阳与地球正中间的位置）期间，科学家在太阳周围的气体云中发现了氦。这团黄色的气体云显示出其中含有不明气体，该气体的英文名称"helium"以希腊神话中太阳神（Helios）的名字命名。

月亮挡住了太阳到达地球的光

这个外层的气体云只有在日食过程中才能看清

太阳的边缘仍然可见

轨道上的磁体与火车上的磁体相互排斥，使火车悬浮起来

火箭上的氦气瓶

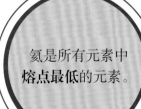

随着升空过程中火箭的燃料箱排空，这个容器中的氦会填充到燃箱中

发生化学反应。这种特性使它可以用于填充气球和飞艇，十分安全。为了使氦气变为液氦，必须将其冷却至约 −269℃的极低温度。液氦可用于制冷，包括冷却使**磁悬浮列车**沿着特殊轨道运行的强磁体。**磁共振扫描仪**也使用液氦冷却部件。

星云

这个发光的星云（气体和尘埃云）是蛾眉星云（NGC 6888）。它的体积非常大，比 7 个太阳系都要大。星云的光来自于星云中心的高温照明星 WR 136。WR 136 有太阳的 15 倍重，亮度是太阳亮度的 25 万倍。其巨大的能量来源于燃料——氦气。

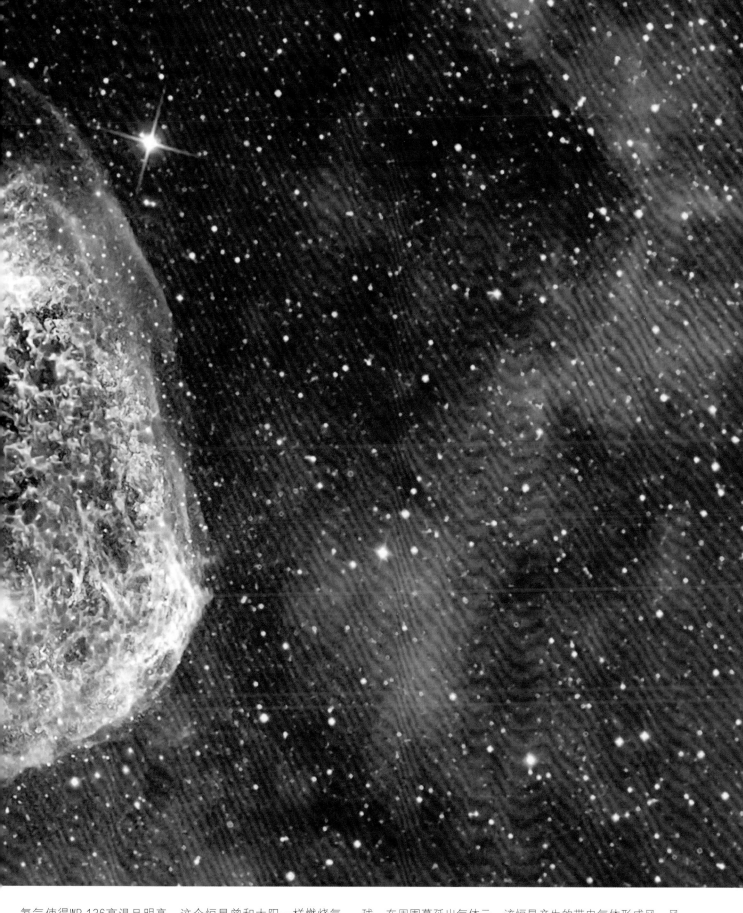

氦气使得WR 136高温且明亮。这个恒星曾和太阳一样燃烧氢气。恒星内核中的氢原子相互撞击，直到变成氦原子，这一过程会释放能量。然而这个恒星中的氢在20万年前就已用完。之后其中的氦原子开始撞击，使这个恒星膨胀成为巨大的红色星球，在周围蔓延出气体云。该恒星产生的带电气体形成风，风速达到1700千米/秒。风持续撞击气体云，形成我们看到的星云。最终，WR 136将耗尽氦和其他燃料，然后就会爆炸，形成一个巨大的火球，称为超新星。

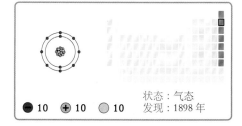

10
Ne

氖（nǎi）

状态：气态
发现：1898 年
- 10 + 10 ● 10

形态

玻璃球中纯净的氖气

玻璃球中的**氖气**，通电时发出橘红色的光

火山喷发

火山喷发时向大气中释放氖气

霓虹灯使用稀有气体产生不同光色。

应用

这个激光器发出深红色光束

氦氖激光器

玻璃管内充满氖气，发光点亮标牌

霓虹灯

氖是一种稀有元素，它只占地球大气的 0.0018%。地球形成时，一些氖存在于地球岩石中，**火山喷发**将它们释放到空气中。氖是一种透明的气体。通过将空气冷却至液态，然后再加热，使其中的气体元素在不同温度下蒸发的方法，可提取出氖。氖气可与氦气混合制成研究用的激光器。不过，氖气最常见的用途还是照明，例如发光标牌或者机场中飞机跑道上的指示灯中会填充氖气。

18
Ar
氩（yà）

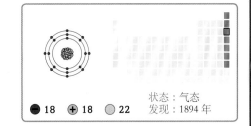

状态：气态
发现：1894 年

● 18　⊕ 18　● 22

形态

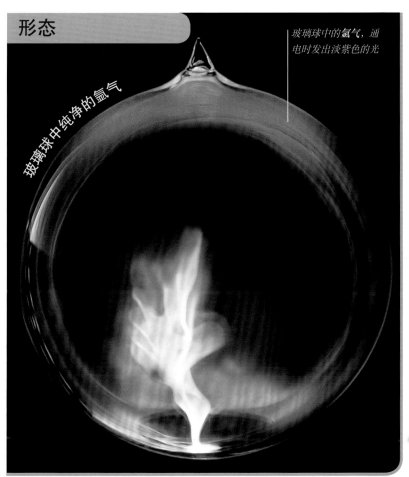

玻璃球中的**氩气**，通电时发出淡紫色的光

玻璃球中纯净的氩气

填充氩气的展示柜

重要的历史文件《大宪章》被储存在氩气中，隔绝氧气和水蒸气，防止羊皮纸损坏

应用

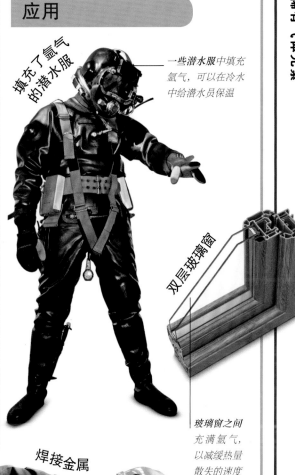

填充了氩气的潜水服

一些**潜水服**中填充氩气，可以在冷水中给潜水员保温

双层玻璃窗

玻璃窗之间充满氩气，以减缓热量散失的速度

焊接金属

火焰中加入氩气，防止金属与氧气反应

氩气是地球大气中继氮气和氧气之后含量第三丰富的气体。它不与任何其他元素反应，英文名称"argon"来源于希腊单词"argos"，意为"懒惰"。因为氩气的导热性不好，所以被充入**双层玻璃窗**中，还被填充到深潜时使用的潜水服中。氩气的化学惰性很有用。它可用于填充博物馆的展示柜，以保护容易受损的展品。它还可以在金属热焊接时防止金属与氧气发生反应。该元素也用于钛的生产。

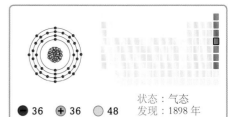

状态：气态
发现：1898 年

● 36　⊕ 36　○ 48

36 Kr 氪（kè）

形态

玻璃球中纯净的氪气

玻璃球中的氪气

氪是一种透明气体，通电时发出蓝白色的光

照相机的闪光是电池给氪通电产生的

数码相机

威廉·拉姆齐爵士由于发现了稀有气体而获得**诺贝尔化学奖**。

氪产生的激光照亮了这个建筑

激光照明

等离子体球

这个球内装有稀有气体混合物，其中就有氪气

应用

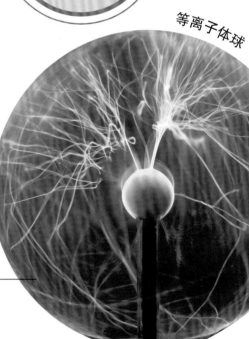

这个节能灯泡中填充了氪气

白炽灯泡

氪的英文名称"krypton"在希腊语中意为"隐藏"。自然界中的氪是惰性气体，这意味着它几乎不与其他元素反应。在矿石和陨石中只发现了痕量的氪，空气中也只有极少量的氪。纯净的氪气在通电时产生非常明亮的白光，因此它成了制造闪光灯的理想选择。氪可与氟反应生成二氟化氪，用于在激光器中发射激光。

54 Xe 氙（xiān）

状态：气态
发现：1898 年

● 54 ⊕ 54 ○ 77

形态

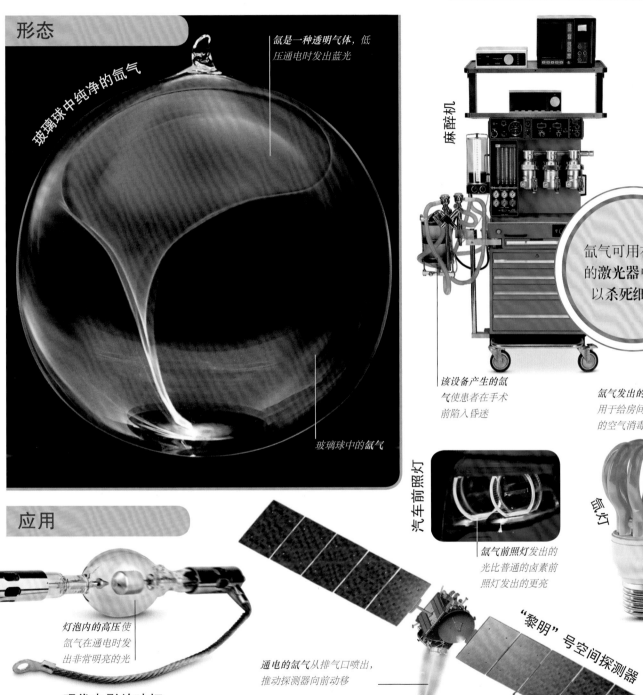

玻璃球中纯净的氙气

氙是一种透明气体，低压通电时发出蓝光

玻璃球中的**氙气**

麻醉机

氙气可用在强大的**激光器**中，可以**杀死细菌**。

该设备产生的氙气使患者在手术前陷入昏迷

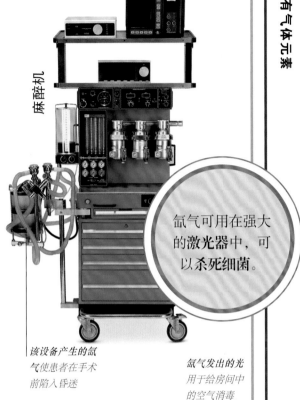

汽车前照灯

氙气前照灯发出的光比普通的卤素前照灯发出的更亮

氙气发出的光用于给房间中的空气消毒

氙灯

应用

灯泡内的高压使氙气在通电时发出非常明亮的光

现代电影放映灯

通电的氙气从排气口喷出，推动探测器向前动移

"黎明"号空间探测器

氙非常稀少，空气中每 1000 万个原子中只有 1 个氙原子。与其他稀有气体类似的是，氙气无色无味。通电时氙气会发出明亮的光，因此可用于制造强光灯具，例如电影放映机和**汽车前照灯**上用的灯泡。吸入氙气对人体无害，因此氙气可作为一种麻醉剂。**氙灯**可在烹饪时对空气消毒。一些能产生高速带电原子流的火箭发动机中也用到了氙，以推动航天器前进。

86
Rn

氡（dōng）

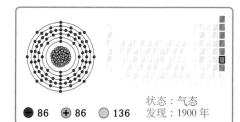

状态：气态
发现：1900 年
● 86 ⊕ 86 ○ 136

这种铀矿物中的放射性金属衰变时释放出氡气

这些黄色晶体属于硅钙铀矿

晶质铀矿

玻璃球中的氡气和空气

衰变速度最慢的氡原子的半衰期也只有 **3.8天**。

氡会衰变。一种叫作二氧化钍的化合物会释放氡

氡是唯一一种在自然界中存在的放射性稀有气体。该元素由铀和其他放射性金属衰变产生。氡气从**晶质铀矿**等矿物中逸出，进入空气。氡具有较强放射性，人体吸入氡会引起肺癌等疾病。在大部分地区，空气中的氡含量极少。然而，**火山泉**和火山泥周围氡气的含量较高。它常和其他热气一起冒出。地热发电厂利用地壳深处火山岩中的热能发电，因此氡也存在于**地热发电厂**的水中。氡在花岗岩储量丰富的地区也比较常见。居住在这些地区的人们需要用检测仪来监测家中空气中的氡含量。

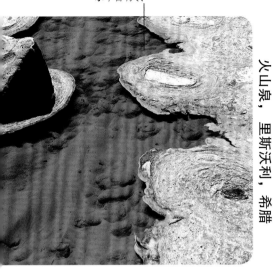

火山泉的**泥浆水**中含有氡

这些管子从地下深处泵出含有氡的水，然后电厂用这些水发电

火山泉，里斯沃利，希腊

地热发电厂

这个设备从空气中收集氡，以测量该区域空气中的氡含量

家用氡检测仪

118	
Og	

氭（ào）

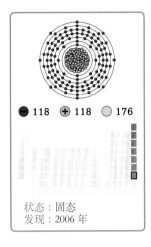

● 118　⊕ 118　○ 176

状态：固态
发现：2006 年

尤里·奥加涅相

氭是迄今为止最重的元素。科学家们认为它在常温常压下是固体，但它也可能是不活跃的稀有气体。至今只有少量氭原子被合成出来，所以其性质还不明确。氭原子最初由俄罗斯和美国科学家团队在俄罗斯的**杜布纳联合核子研究所**用钙离子撞击锎靶产生。该元素的英文名称"oganesson"以团队的领导者尤里·奥加涅相（Yuri Oganessian）的名字命名。

杜布纳联合核子研究所，俄罗斯

词汇表

锕系元素

该族元素是放射性金属，原子相对较大。

不锈钢

这种合金中含有铁和碳，还有铬等其他金属，不易生锈，韧性也比铁强。

超导体

电流流过时，几乎没有阻力的一种物质。其他大多数物质会不同程度地阻碍电流的流动，并产生热量。

磁场

磁体周围空间存在的传递磁相互作用的一种特殊形态的物质。

磁体

可以在其体外产生磁场并吸引铁的任何物质。它可以吸引或排斥其他磁体。

磁性

能激发磁场以及在磁场作用下能产生有关效应的性质。

磁悬浮列车

这是一种用电磁力使车体悬浮于铁轨之上并用直线电动机驱动的高速列车。

催化剂

能增加化学反应速率，而自身并不被反应消耗的物质。

脆性

坚硬固体容易碎裂的性质。

大气

包围行星或卫星的气体混合物。地球的大气主要由氮、氧、氩，以及其他几种气体组成。

导体

易于传导热和电流的物质。

电池

一种含有化学物质，能够利用化学反应产生电流的装置。电池主要分为两种：可充电的蓄电池和不可充电的原电池。

电极

电路中的接电点。电极可以分为正、负电极。

电解

电流通过物质而引起化学变化的过程。包括铝在内的很多元素就是通过这种方法从它们的矿石中提取出来的。

电子

带有单位负电荷的一种基本粒子。电子绕原子核转动的层称为电子层。电子在原子之间交换或共享而形成化学键，组成分子。

放射性

某些元素的不稳定原子核能量自发连续发射的性质。其中原子核发生裂变或衰变。一个原子核衰变时，会释放至少一个粒子，它的原子序数也会改变，这样该原子就会变成另一种元素的原子。

分子

分子是保持物质化学性质的最小单元。分子中的两个或多个原子由化学键连在一起。

非金属元素

非金属元素可通过吸引电子生成化合物。非金属大部分是气体（如氧）或固体（如硫）。溴是唯一一种在室温下呈液态的非金属元素。

火焰是**燃烧**产生的现象。

沸点

液体开始沸腾，变为蒸汽的温度。

辐射

原子以光、红外线、紫外线（UV）和 X 射线形式释放出的能量。辐射也被用来描述放射性物质释放出的射线。

腐蚀

金属或其他固体材料因环境而产生的材料破坏或变质，通常因与氧和水反应而引起。

固体

固体物质的粒子（原子或分子）

钒铅矿**晶体**含有钒元素。

间有较大的相互作用力，粒子的位置相对固定。固体具有一定的形状和体积。

光合作用

植物产生自身生长所需有机化合物的一组复杂的化学反应。植物利用光能将水和二氧化碳等无机物合成为糖等有机物并释放出氧气。

过渡金属元素

位于元素周期表中间的一系列金属元素。大多数金属元素都位列其中。

合成

"人造"的另一种表述方式。地球上已知的118种元素中，有26种是合成的。

合金

由一种金属和少量其他金属或非金属混合制成的材料。钢是一种常见的铁合金，用于建造建筑物和铁轨。

钙元素的晶体。

核聚变

氢原子核等轻元素的原子核聚合在一起，形成较重原子核的过程。这一过程释放出大量能量。太阳的能量来源于其中心氢核聚变为氦核。

核裂变

很多不稳定的原子核，在没有受到中子轰击时，也会自发地裂变。裂变释放出大量能量。裂变可用于核电厂发电，也能引发原子弹爆炸。

化合物

由两种或两种以上化学元素的原子通过化学键以特定方式结合而成的物质。

化学

研究物质的性质、组成、结构、变化以及与物质变化过程相伴的能量转变的科学。

化学反应

一种化学过程。在这种过程中，分子中的原子或原子团重新排列组合，形成新的分子，从而形成不同的化合物。

化学家

研究元素、化合物和化学反应的科学家。

化学键

使离子相结合或原子相结合的作用力。

化学品

由各种元素组成的化合物或混合物，无论是天然的还是人造的，通常用于化学研究和化学工程中。

化学元素

化学元素用普通化学方法不能分解为更简单物质。元素是组成物质的基本材料。地球上有118种已知元素。

混合物

掺和在一起、彼此间不起化学反应而保持各自化学性质的两种或多种物质。比如，海水、牛奶和泥土。可使用过滤等物理方法将混合物中的各组分分离开来。

碱

溶于水后，这种化合物能从水分子那里获得氢离子。碱可以与酸反应。

碱金属元素

这类金属元素与水反应产生碱。

碱土金属元素

这类金属在自然界中存在，易与大多数氧化物和许多非金属化合。

激光

单一波长的光，光波的相位、频率、方向都一致。激光被用于制造电子设备和实施外科手术。

金属

具有良好的导电性、导热性、延展性，并有特殊光泽（金属光泽）的物质。大部分元素是金属，它们往往是坚硬的、闪亮的固体。汞是唯一一种在室温下呈液态的金属。

这是一块镝（镧系元素）。

晶体

原子规则地排列结合成三维周期结构的固体物质。

绝缘体

能阻止或延缓电流或热量流动的物质。

可再生能源

在自然界中可不断再生，并有规律地得到补充或重复利用的能源，比如风能。

矿石

矿体中开采出来的矿物集合体，在现有技术和经济条件下能从中提取有用组分（元素、化合物或矿物）。

矿物
一种由地质作用而自然形成的，具有特殊性质（如特定的化学成分和晶型）的固体物质。矿物混杂在一起，组成了地壳。

牛奶是一种**混合物**。

LED
发光二极管（light-emitting diode）的英文缩写。这种装置在通电时可以发光。

镧系元素
该族元素是一组金属元素，其原子较大。这些元素与锕系元素一起，位于元素周期表主表的下方。

雷达
一种探测飞机等远距离物体的位置和速度等特征的系统。

离子
带电荷的原子或原子团。原子整体不带电荷，失去电子将带正电荷，得到电子将带负电荷。

粒子
组成物质的基本单位。亚原子粒子是构成原子的单位，包括质子、中子、电子和许多其他较小的粒子。

粒子加速器
提高荷电原子和亚原子粒子速度和动能的各种装置。科学家们对这些粒子的碰撞进行研究。粒子加速器被用来制造人造元素，以及研究比原子更小的粒子。回旋加速器是粒子加速器中的一种。

炼金术士
在化学科学产生之前，用化学品进行实验的人。他们相信自己能将普通金属变为黄金。

卤族元素
元素周期表靠右端的一族元素。卤素都可与金属形成盐类物质。卤素是活泼的非金属元素。

密度
单位体积物质的质量。

凝固
物质的液态在冷却到一定温度时凝成固体的现象。

膨胀
物质体积增大。固体、液体和气体通常在温度升高时膨胀。

气体
气体物质的粒子（原子或分子）彼此距离较大、相互作用小，处于自由运动的状态。气体可以流动，没有固定形状，可以填充到任意形状的容器里。

氢氧化物
氢氧化物含有氢和氧，另一部分通常是金属元素。

燃烧
物质间进行的急剧化学反应，经常伴随着以火焰发出的光和热。在大多数情况下，氧是反应物之一。

人造
在自然界中不存在的东西。所有超铀元素都是科学家在实验室中人工制成的。

韧性
形容固体断裂难易的一种性质。钢的韧性很强，它可以被弯曲或扭曲，但很难被折断。

溶解
两种及两种以上物质完全混合。多数情况下是指固体（比如盐）溶解在液体中（比如水）。

熔点
固体受热后开始熔化的温度。

熔炼
一种高温化学过程，在此过程中，可从金属矿石中获得金属。

衰变
在衰变过程中，一个粒子自动消失，转化成两个或两个以上其他种类的粒子。放射性元素原子不稳定，易衰变。

酸
一种含有氢的化合物，溶于水后会释放出氢离子。这些离子使酸非常活泼。

碳酸盐
这种化合物含有碳原子、氧原子，以及其他元素的原子。

当沙漠中的沙子和**钡矿物**重晶石结合时，可能会形成这些花瓣形的石头。

许多矿物都是碳酸盐。

陶器

一种陶瓷器皿。黏土经过加热形成坚硬结构。

铁锈

铁与氧气和水反应时，形成的化合物的俗称。

同位素

质子数相同而中子数不同的同一元素的不同原子。

铜绿

铜与空气接触时反应形成的绿灰色物质。

透明

物质使光能直接透过的性质。玻璃、水和空气都是透明的。在射线照射下，许多材料都是透明的。

污染物

被释放到环境中的有害物质。污染物可能是人为加入到空气、水或土壤中的化学品（气体、液体或固体）。

物质

构成我们周围一切事物的实体。

稀有气体元素

稀有气体元素具有化学惰性，基本不与其他元素反应。这是因为它们的原子最外层充满了电子，本身已经处于一个稳定状态。该族位于元素周期表的最右端。

相片底片

一种胶片或底片，曝光之后呈现与实际影像相反的颜色。

压力

单位面积上的垂直作用力。压力取决于力的大小和作用

的面积。

盐

酸与碱发生反应形成的化合物。氯化钠是一种常见的盐。

氧化物

氧与其他元素化合形成的化合物。

液体

物质的三种主要的聚集态之一。液体可以流动，没有固定形状，但体积是一定的。

易燃物

容易着火的物质。

硬度

衡量材料软硬度的标准。通常用一种物质去刻划或者切割另一种物质来测量。

元素周期表

表达化学元素的性质随原子序数递增而呈现周期性变化的表。

原子

使元素的特征性质保持不变的最小物质单元。原子由质子、中子和电子组成。一种元素的原子具有相同的质子数。

原子核

原子内部带正电的核心，由质子和中子组成。原子的质量几乎都集中在原子核。

原子序数

原子中的质子数量。每种元素的原子序数都是唯一的、不可变的。

真空

狭义上讲，真空是不包含空气或其他物质的空间。

蒸气

液体汽化或固体升华时产生的气体。

中子

原子核中的中性粒子。中子与质子大小相近，但不带电荷。

质量

物质所具有的一种物理属性，可以度量惯性大小。

质子

原子核中带单位正电荷的粒子。质子吸引电子，让它们

围绕原子核运动。

周期

元素周期表中的一行。第一周期的所有原子都有一个电子层。第二周期的原子有两个电子层。

准金属元素

性质介于典型金属和非金属之间的化学元素。

族

元素周期表中同一纵行内的一组化学元素。同族元素具有相似的性质，因为每个原子的最外层电子数相同。

自由女神像上覆盖着一层铜绿。

索引

实验室中提纯的金属铬样品

经过琢型的钻石

实验室中提纯的块状金属铁

实验室中提纯的金属镍球

实验室中提纯的金属锌样品

致谢

The publisher would like to thank the following people for their help with making the book: Agnibesh Das, John Gillespie, Anita Kakkar, Sophie Parkes, Antara Raghavan, and Rupa Rao for editorial assistance; Revati Anand and Priyanka Bansal for design assistance; Vishal Bhatia for CTS assistance; Jeffrey E Post, Ph D Chairman, Department of Mineral Sciences Curator, National Gem and Mineral Collection, National
Museum of Natural History, Smithsonian; Kealy Gordon and Ellen Nanney from the Smithsonian Institution; Ruth O'Rourke for proofreading; Elizabeth Wise for indexing; and RGB Research Ltd (periodictable.co.uk), especially Dr Max Whitby (Project Director), Dr Fiona Barclay
(Business Development), Dr Ivan Timokhin (Senior Chemist), and Michal Miškolci (Production Chemist).

The publisher would like to thank the following for their kind permission
to reproduce their photographs:

(Key: a-above; b-below/bottom; c-centre; f-far; l-left; r-right; t-top)

9 Bridgeman Images: Golestan Palace Library, Tehran, Iran (cra). **Fotolia:** Malbert (ca). **Getty Images:** Gallo Images Roots Rf Collection / Clinton Friedman (fcla). **Wellcome Images http://creativecommons.org/licenses/by/4.0/:** (crb). **13 Getty Images:** Stockbyte (cra). **Science Photo Library:** Mcgill University, Rutherford Museum / Emilio Segre Visual Archives / American Institute Of Physics (crb). **15 Science Photo Library:** Sputnik (crb). **17 Alamy Stock Photo:** Dennis H. Dame (cr). **20 Dreamstime.com:** Alekc79 (cb). **NASA:** X-ray: NASA / CXC / Univ.Potsdam / L.Oskinova et al; Optical: NASA / STScI; Infrared: NASA / JPL-Caltech (cra). **21 Alamy Stock Photo:** Phil Degginger (cb); ULA (fcr). **NASA:** Bill Rodman (cla). **Science Photo Library:** U.S. Navy (crb). **24 Alamy Stock Photo:** PjrStudio (crb). **Dreamstime.com:** Titovstudio (ca). **naturepl.com:** Christophe Courteau (cr). **25 123RF.com:** Federico Cimino (cr). **Dreamstime.com:** Aleksey Boldin (cla); Bolygomaki (ca). **Getty Images:** Corbis (cla/mirror); Driendl Group (cb). **NASA:** (crb). **Science Photo Library. 26 123RF.com:** Stellargems (cra); Sara Winter (crb). **Dorling Kindersley:** Tim Parmenter / Natural History Museum, London (cr). **27 123RF.com:** Todsaporn Bunmuen (cl); Francis Dean (crb). **Alamy Stock Photo:** Artspace (cr); Hemis (c). **Dreamstime.com:** Abel Tumik (clb). **28-29 Alamy Stock Photo:** Hemis. **30 Alamy Stock Photo:** Siim Sepp (c).
31 123RF.com: Petkov (ca). **Alamy Stock Photo:** Doug Steley B (cb). **Dorling Kindersley:** Dave King / The Science Museum, London (clb). **Dreamstime.com:** Mohammed Anwarul Kabir Choudhury (cr); Jarp3 (crb). **Getty Images:** John B. Carnett (c). **Science Photo Library:** CLAIRE PAXTON & JACQUI FARROW (cl). **32 123RF.com:** Dario Lo Presti (cra). **Getty Images:** De Agostini Picture Library (cr). **33 123RF.com:** Lenise Calleja (c/cracker); Chaiyaphong Kitphaephaisan (cr). **Alamy Stock Photo:** David J. Green (c). **Dreamstime.com:** Robert Semnic (cl). **Getty Images:** Stocktrek Images (cla). **Natural Resources Canada, Geological Survey of Canada:** (cb). **34 Dorling Kindersley:** Oxford University Museum of Natural History (cla). **Getty Images:** Ullstein Bild (clb); Universal Images Group (crb). **35 Alamy Stock Photo:** Universal Images Group North America LLC / DeAgostini (cla). **Getty Images:** Keystone-France (ca). **39 123RF.com:** Vladimir Kramin (crb). **Alamy Stock Photo:** Craig Wise (cla). **Dreamstime.com:** Studio306 (cla/sprinkler). **Getty Images:** fStop Images - Caspar
Benson (cb). **NASA:** NASA / MSFC / David Higginbotham (c). **Science Photo Library:** David Parker (cr). **Wellcome Images http://creativecommons.org/licenses/by/4.0/:** Wellcome Library (cra). **40 Dorling Kindersley:** Colin Keates / Natural History Museum, London (cla). **41 123RF.com:** Thodonal (cb). **Alamy Stock Photo:** Mohammed Anwarul Kabir Choudhury (clb/cement); Dominic Harrison (cla); Phil Degginger (clb). **Dreamstime.com:** Nu1983 (cr); Marek Uliasz (cra). **Getty Images:** Yoshikazu Tsuno (crb). **Rex by Shutterstock:** Neil Godwin / Future Publishing (cl). **42 Alamy Stock Photo:** Phil Degginger (cl). **Dorling Kindersley:** Natural History Museum, London (clb); Holts Gems (cla). **43 123RF.com:** Oksana Tkachuk (c). **Alamy Stock Photo:** Ekasit Wangprasert (cb). **Dreamstime.com:** Waxart (cr). **44-45 Alamy Stock Photo:** Inge Johnsson. **47 123RF.com:** Anatol Adutskevich (cra); Paweł Szczepański (ca); Ronstik (crb). **Dorling Kindersley:** Durham University Oriental Museum (cla). **Dreamstime.com:** Showface (cr). **iStockphoto.com:** Lamiel (cl). **48-49 Alamy Stock Photo:** The Natural History Museum (cb). **49 123RF.com:** Roman Ivaschenko (cr); Wiesław Jarek (ca). **Getty Images:** DEA /
S. VANNINI (c). **Science Photo Library:** ALAIN POL, ISM (crb). **51 Getty Images:** Heritage Images (cra). **Science Photo Library:** Public Health England (ca, crb); Public Health England (cb). **54 123RF.com:** Stocksnapper (cb). **Alamy Stock Photo:** Universal Images Group North America LLC / DeAgostin (cra). **Dreamstime.com:** Dimitar Marinov (crb). **55 123RF.com:** Leonid Pilnik (fcra); Sergei Zhukov (cr). **Alamy Stock Photo:** Military Images (cra); Hugh Threlfall (fcrb). **Dreamstime.com:** Flynt (crb). **56 123RF.com:** Mykola Davydenko (clb); Kaetana (crb). **Alamy Stock Photo:** Shawn Hempel (cl). **57 Alamy Stock Photo:** imageBROKER (crb). **Dorling Kindersley:** Natural History Museum, London (cr). **58 Alamy Stock Photo:** Vincent Ledvina (clb). **59 123RF.com:** Chaiyaphong Kitphaephaisan (c/rail); lightboxx (c); Tawat Langnamthip (crb). **Alamy Stock Photo:** Hemis (cb); B.A.E.
Inc. (ca). **Dreamstime.com:** Nexus7 (cr). **Getty Images:** Michael Nicholson (cra). **60 123RF.com:** Serezniy (clb). **Getty Images:** Detlev van Ravenswaay (cl). **61 Alamy Stock Photo:** PhotoCuisine RF (c); SERDAR (l). **Dorling Kindersley:** Doubleday Holbeach Depot (cra). **Dreamstime.com:** Igor Sokolov (clb). **Science Photo Library:** Jim West (cr). **62-63 123RF.com:** Wang Aizhong. **64 Alamy Stock Photo:** Susan E. Degginger (crb); The Natural History Museum (cr). **65 Dorling Kindersley:** Rolls Royce Heritage Trust (cl). **Dreamstime.com:** Margojh (c). **Getty Images:** Pascal Preti (cb); Science & Society Picture Library (cla). **66 Alamy Stock Photo:** Alan Curtis / LGPL (ca). **67 123RF.com:** Psvrusso (ca); Евгений Косцов (crb). **Alamy Stock Photo:** INTERFOTO (fcla). **Dorling Kindersley:** National Music Museum (cla). **Getty Images:** Fanthomme Hubert (cra). **68 Alamy Stock Photo:** Jeff Rotman (crb). **Dorling Kindersley:** Natural History Museum, London (ca); Oxford University Museum of Natural History (clb). **69 123RF.com:** Dilyana Kruseva (cr); Vitaliy Kytayko (cla); Photopips (crb). **Alamy Stock Photo:** Paul Ridsdale Pictures (tc). **Dorling Kindersley:** University of Pennsylvania Museum of Archaeology and Anthropology (cb). **70-71 Alamy Stock Photo:** Novarc Images. **72 Alamy Stock Photo:** Phil Degginger (cla). **73 Alamy Stock Photo:** PjrStudio (clb). **Dreamstime.com:** Sean Pavone (cra). **NASA. 74 Dorling Kindersley:** Oxford University Museum of Natural History (cla). **75 123RF.com:** Belchonock (cr); Weerayos Surareangchai (cla). **Alamy Stock Photo:** dpa picture alliance (ca); Georgios Kollidas (cra); PNWL (cl). **Getty Images:** SSPL (cb). **Science Photo Library:** David Parker (crb). **76 123RF.com:** Okan Akdeniz (clb); Nevarpp (fclb); Andriy Popov (crb). **Dreamstime.com:** Ryan Stevenson (cb). **77 123RF.com:** Mohammed Anwarul Kabir Choudhury (cra); Vladimir Nenov (crb). **Alamy Stock Photo:** The Natural History Museum (cl). **NASA. 78 Alamy Stock Photo:** Oleksandr Chub (crb); The Natural History Museum (ca). **Science Photo Library. 78-79 Alamy Stock Photo:** Susan E. Degginger (c); epa european pressphoto agency b.v. (cb). **79 Science Photo Library:** David Parker (crb); Rvi Medical Physics, Newcastle / Simon Fraser (cr). **80 123RF.com:** Missisya (cb); Darren Pullman (clb). **Alamy Stock Photo:** GFC Collection (crb). **81 123RF.com:** Hywit Dimyadi (cra). **Dreamstime.com:** Shutterman99 (cla). **Getty Images:** Alain Nogues (crb). **82 Alamy Stock Photo:** Greenshoots Communications (cra); PjrStudio (crb). **Dreamstime.com:** Robert Chlopas (cr). **Science Photo Library. 83 123RF.com:** Dmitry Lobanov (crb); Jose Ignacio Soto (tr); Valerii Zan (cr). **Dreamstime.com:** Maloy40 (ca). **Getty Images:** Paul Taylor (cl). **84 Getty Images:** DEA / PHOTO 1 (clb); DEA / G.CIGOLINI (cl). **85 Alamy Stock Photo:** David J. Green (cra); Chromorange / Juergen Wiesler (crb). **Dorling Kindersley:** The University of Aberdeen (ca). **Dreamstime.com:** Stephanie Frey (cla); Gaurav Masand (cl). **Getty Images:** Science & Society Picture Library (clb). **Science Photo Library. 86 123RF.com:** Serhii Kucher (crb). **Alamy Stock Photo:** Ableimages (crb/micro). **Dreamstime.com:** Michal Baranski (cra). **Getty Images:** Lester V. Bergman (cra). **Science Photo Library. 87 Dreamstime.com:** Andrey Eremin (clb). **Science Photo Library. 88 123RF.com:** Ludinko (cra). **Getty Images:** Trisha Leeper (crb). **89 123RF.com:** Akulamatiau (crb); Anton Starikov (clb). **Dreamstime.com:** Homydesign (cb). **90 Alamy Stock Photo:** Antony Nettle (crb). **Dreamstime.com:** Farbled (c); Vesna Njagulj (clb). **91 Alamy Stock Photo:** Science (cra). **Dreamstime.com:** Reddogs (crb). **Science Photo Library:** Dr Gopal Murti (ca); Dirk Wiersma (cla). **92 Alamy Stock Photo:** Citizen of the Planet (crb). **Getty Images:** Yva Momatiuk and John Eastcott (cra). **Science Photo Library. 93 123RF.com:** Sergey Jarochkin (crb); mg154 (cl). **Alamy Stock Photo:** Pictorial Press Ltd (clb). **NASA:** CXC / NGST (ca). **94 Dorling Kindersley:** Natural History Museum, London (r). **Science Photo Library:** Natural History Museum, London (l). **95 Alamy Stock Photo:** Four sided triangle (c); I studio (ca); Friedrich Saurer (cb). **Dreamstime.com:** Adamanto (cr). **Getty Images:** PHAS (cra); Royal Photographic Society (cl). **Science Photo Library:** Dr P. Marazzi (fcr); National Physical Laboratory (C) Crown Copyright (cla); Sovereign / Ism (crb). **96 Science Photo Library:** Science Stock Photography (cra). **97 123RF.com:** Ratchaphon Chaihuai (clb). **Dorling Kindersley:** Alistair Duncan / Cairo Museum (ca); Barnabas Kindersley (cl). **Dreamstime.com:** Nastya81 (crb); Scanrail (c). **Getty Images:** Charles O'Rear (fcrb); John Phillips (cr). **magiccarpics.co.uk:** Robert George (cb). **NASA. 98-99 Alamy Stock Photo:** imageBROKER. **101 123RF.com:** Teerawut Masawat (cla). **Getty Images:** Science & Society Picture Library (ca); Science & Society Picture Library (cr). **Paul Hickson, The University of British Columbia:** (clb). **102 Getty Images:** Bettmann (cra). **Science Photo Library:** Ernest Orlando Lawrence Berkeley National Laboratory / Emilio Segre Visual Archives / American Institute Of Physics (cb). **103 Alamy Stock Photo:** Peter van Evert (crb); Randsc (clb). **Science Photo Library:** Lawrence Berkeley National Laboratory (cr). **104 Science Photo Library:** David Parker (clb); Wheeler Collection / American Institute Of Physics (cla); David Parker (cb). **105 Alamy Stock Photo:** imageBROKER (cla). **Science Photo Library:** Emilio Segre Visual Archives / American Institute Of Physics (clb). **106 Alamy Stock Photo:** Granger Historical Picture Archive (clb). **Science Photo Library:** David Parker (ca). **107 Alamy Stock Photo:** Sherab (cl). **Science Photo Library:** Dung Vo Trung / Look At Sciences (cr). **110 123RF.com:** Oleksandr Marynchenko (clb); Naruedom Yaempongsa (crb). **Alamy Stock Photo:** John Cancalosi (cla); Reuters (cb). **111 123RF.com:** Cobalt (cra); Veniamin Kraskov (cra/red). **Dreamstime.com:** Akulamatiau (cb). **Science Photo Library. 112 Alamy Stock Photo:** Everett Collection Historical (crb). **113 Alamy Stock Photo:** Ivan Vdovin (crb). **Fotolia:** Efired (cra).
114 Rex by Shutterstock: (crb). **Science Photo Library:** Pr Michel Brauner, ISM (cra). **115 Alamy Stock Photo:** G M Thomas (cr). **Science Photo Library:** Patrick Llewelyn-Davies (crb). **116 123RF.com:** Vereshchagin Dmitry (br); Vitalii Tiahunov (cra); Vitalii Tiahunov (fcra). **117 123RF.com:** Preecha Bamrungrai (crb). **Dreamstime.com:** Hxdbzxy (cra). **120 Alamy Stock Photo:** Yon Marsh (br). **ESA:** (cra). **Science Photo Library:** Dirk Wiersma (clb). **121 Alamy Stock Photo:** Mike Greenslade (l). **Science Photo Library:** Trevor Clifford Photography (cra); Sputnik (crb). **122 Alamy Stock Photo:** Derrick Alderman (cr). **Science Photo Library:** J.C. REVY, ISM (cra); Lawrence Berkeley Laboratory (crb). **123 NASA:** NASA / JPL-Caltech / Malin Space Science Systems (cra). **Science Photo Library:** Thedore Gray, Visuals Unlimited (ca). **124 Alamy Stock Photo:** Randsc (crb). **Dreamstime.com:** Marcorubino (clb). **NASA. Science Photo Library:** Science Source (cla). **125 Alamy Stock Photo:** 501 collection (cla). **Getty Images:** George Rinhart (clb). **Science Photo Library:** US Department Of Energy (ca). **126 Science Photo Library:** American Institute Of Physics (cra); Sputnik (cb); Sputnik (clb). **127 Alamy Stock Photo:** Granger Historical Picture Archive (clb). **Science Photo Library:** Ernest Orlando Lawrence Berkeley National Laboratory / Emilio Segre Visual Archives / American Institute Of Physi (ca). **130 123RF.com:** Terry Davis (cla). **Alamy Stock Photo:** Chris stock photography (fcra). **130-131 Alamy Stock Photo:** Universal Images Group North America LLC / DeAgostini (cb). **131 123RF.com:** Sirichai Asawalapsakul (ca); Joerg Hackemann (cla); Wilawan Khasawong (ca/boric); Michał Giel (c/TV). **Alamy Stock Photo:** Chronicle (fcra). **Dorling Kindersley:** Tank Museum (crb). **Fotolia:** L_amica (c); Alex Staroseltsev (cr). **Getty Images:** Heritage Images (cra). **132 Science Photo Library:** Dirk Wiersma (ca). **133 123RF.com:** Destinacigdem (cla); Olaf Schulz (cb). **Dreamstime.com:** Apple Watch Edition™ is a trademark of Apple Inc., registered in the U.S. and other countries. (cr); Stepan Popov (cl); Simon Gurney (fcr); Zalakdagli (clb). **134-135 Getty Images:** Brasil2. **136 123RF.com:** Martin Lehmann (c). **Alamy Stock Photo:** BSIP SA (cra). **Getty Images:** Visuals Unlimited, Inc. / GIPhotoStock (cra/disc). **NASA. 137 123RF.com:** Norasit Kaewsai (cb/trans); Ouhdesire (clb); Dmytro Sukharevskyy (cb). **Dreamstime.com:** Christian Delbert (crb). **138 Dreamstime.com:** Monika Wisniewska (cl). **Getty Images:** Science & Society Picture Library (cr). **139 123RF.com:** Fotana (clb). **Alamy Stock Photo:** Stock Connection Blue (cla). **Getty Images:** The Asahi Shimbun (cr). **142 Alamy Stock Photo:** Pablo Paul (cra); WidStock (cla). **Dorling Kindersley:** Natural History Museum (crb); Natural History Museum (fcra). **143 123RF.com:** Oleksii Sergieiev (crb). **Alamy Stock Photo:** David J. Green (cra); Image.com (ca). **Dorling Kindersley:** National Cycle Collection (ca/cycle); The Science Museum, London (fcrb). **144-145 Bridgeman Images:** Christie's Images. **146 123RF.com:** Danilo Forcellini (fcrb). **Alamy Stock Photo:** Phil Degginger (cra); Perry van Munster (crb). **147 123RF.com:** Scanrail (ca). **Alamy Stock Photo:** MixPix (cla); Haiyin Wang (crb). **Dreamstime.com:** Halil I. Inci (fcrb). **Getty Images:** Handout (cr). **Science Photo Library:** Lawrence Berkeley National Laboratory (cb). **148 123RF.com:** Viktoriya Chursina (cra). **Dreamstime.com:** Bright (crb); Oleksandr Lysenko (cr). **Getty Images:** DEA / G. CIGOLINI (cla). **149 123RF.com:** Lapis2380 (cb). **150 Alamy Stock Photo:** Sarah Brooksby (cb). **Dorling Kindersley:** Natural History Museum, London (cla). **151 123RF.com:** Vira Dobosh (crb). **Science Photo Library:** Sputnik (cr); Sputnik (cb). **154 Science Photo Library:** Dr.Jeremy Burgess (clb). **155 123RF.com:** Mohammed Anwarul Kabir Choudhury (cra/color); Teerawut Masawat (cla); David Gilbert (ca). **Alamy Stock Photo:** Lyroky (cr); Tim Scrivener (crb). **NASA:** JPL (cra). **156-157 Getty Images:** Icon Sports Wire. **158 Dorling Kindersley:** Natural History Museum, London (cr/beaker). **Dreamstime.com:** Tomas Pavelka (c). **Getty Images:** Auscape (ca). **158-159 Science Photo Library. 159 123RF.com:** Action sports (c); De2marco (c); Arina Zaiachin (clb); Mohammed Anwarul Kabir Choudhury (crb). **Getty Images:** Simone Brandt (cr). **160 123RF.com:** Maksym Yemelyanov (crb). **Alamy Stock Photo:** Andrew Ammendolia (fclb). **Dreamstime.com:** Jaggat (cb); Science Pics (ca). **161 Dreamstime.com:** Chris Boswell (cra). **Getty Images:** SuperStock (cb). **Science Photo Library:** Phil Degginger (cla); Phil Degginger (fcla). **162 Dorling Kindersley:** Harry Taylor (cla). **163 123RF.com:** Serezniy (cl). **Dreamstime.com:** Ericlefrancais (cla); Bert Folsom (clb). **Science Photo Library:** Sputnik (cr). **166 123RF.com:** Kameel (clb); Russ McElroy (cra). **167 123RF.com:** Rostislav Ageev (cra/diver). **Alamy Stock Photo:** PhotoAlto (crb); RGB Ventures / SuperStock (fcr). **Dreamstime.com:** Narin Phapnam (cb); Uatp1 (cl). **Getty Images:** STR (clb). **SuperStock:** Cultura Limited / Cultura Limited (cra). **168 123RF.com:** Cseh Ioan (clb). **Alamy Stock Photo:** Big Pants Productions (cb). **Science Photo Library:** Farrell Grehan (cra). **168-169 Alamy Stock Photo:** The Natural History Museum (ca). **169 123RF.com:** Lucian Milasan (crb); Nikkytok (c). **Alamy Stock Photo:** Krys Bailey (clb); Paul Felix Photography (cra). **Dreamstime.com:** Nfransua (ca); Kirsty Pargeter (cla); Olha Rohulya (cb). **170-171 Getty Images:** Kazuyoshi Nomachi. **172 123RF.com:** Maksym Bondarchuk (crb); Sauletas (cb). **Dreamstime.com:** Orijinal (clb). **Science Photo Library:** Dirk Wiersma (cra). **173 123RF.com:** Jiri Vaclavek (ca). **Alamy Stock Photo:** Hugh Threlfall (fcra); Universal Images Group North America LLC / DeAgostini (cla). **Getty Images:** Steve Proehl (crb). **174 Alamy Stock Photo:** Dan Leeth (clb). **175 Alamy Stock Photo:** CPC Collection (cb); Sputnik (cla). **178 Dorling Kindersley:** Natural History Museum, London (crb); Oxford University Museum of Natural History (cla). **179 123RF.com:** Kirill Krasnov (c); Chaovarut Sthoop (clb). **Alamy Stock Photo:** The Print Collector (cra); World History Archive (cl); World foto (cr). **Dreamstime.com:** Bogdan Dumitru (fcrb); Stephan Pietzko (cla). **Getty Images:** John B. Carnett (crb). **181 123RF.com:** Sergey Jarochkin (c); Dmitry Naumov (cr); Hxdbzxy (cb, cb/bleach). **Alamy Stock Photo:** Maksym Yemelyanov (crb). **Dorling Kindersley:** Thackeray Medical Museum (cl). **182-183 Science Photo Library:** Alexis Rosenfeld. **184-185 Getty Images:** George Steinmetz (cb). **Science Photo Library:** Charles D. Winters (c). **185 Dreamstime.com:** Jose Manuel Gelpi Diaz (crb); Larry Finn (ca). **Science Photo Library. 186 123RF.com:** Alexandr Malyshev (fcra); (cra). **Alamy Stock Photo:** BSIP SA (crb). **187 Science Photo Library:** Union Carbide Corporation's Nuclear Division, courtesy EMILIO SEGRE VISUAL ARCHIVES, Physics Today Collection / AMERICAN INSTITUTE OF PHYSICS (clb). **190-191 Dreamstime.com:** Andrey Navrotskiy (b). **190 123RF.com:** Leonid Ikan (cb). **© CERN:** (cra). **191 Dreamstime.com:** Yinan Zhang (cb). **iStockphoto.com:** Gobigpicture (t). **Science Photo Library:** Brian Bell (ca); Patrick Landmann (crb). **192-193 Getty Images:** Rolf Geissinger / Stocktrek Images. **194 123RF.com:** Rainer Albiez (cra). **Alamy Stock Photo:** D. Hurst (crb). **Science Photo Library:** Andrew Lambert Photography (clb). **195 Dreamstime.com:** Stocksolutions (cr). **Getty Images:** Floris Leeuwenberg (cra); Mario Tama (clb). **Science Photo Library:** Crown Copyright / Health & Safety Laboratory (cra). **196 Dorling Kindersley:** Clive Streeter / The Science Museum, London (crb). **Dreamstime.com:** Liouthe (cra). **Getty Images:** Genya Savilov (fcra). **Science Photo Library:** (clb). **197 123RF.com:** Alexlmx (fcrb). **Alamy Stock Photo:** Alexandru Nika (crb). **Dreamstime.com:** Jultud (clb). **Getty Images:** Brand X Pictures (cra). **NASA:** JPL-Caltech (cb). **198 Science Photo Library:** Dirk Wiersma (ca). **199 123RF.com:** Nmint (cl). **Alamy Stock Photo:** ITAR-TASS Photo Agency (cr); Gordon Mills (cla); RGB Ventures / SuperStock (clb); ITAR-TASS Photo Agency (crb). **200 Alamy Stock Photo:** Shawn Hempel (bc). **205 Dorling Kindersley:** Natural History Museum (cla)